独習ウェーブレット解析

基底関数の生成から基礎応用まで

新井康平

近代科学社

- 本書の複製権・翻訳権・譲渡権は株式会社近代科学社が保有します。
- **JCLS** ＜(株)日本著作出版権管理システム委託出版物＞
  本書の無断複写は著作権法上での例外を除き禁じられています。
  複写される場合は，そのつど事前に(株)日本著作出版権管理システム
  (電話０３－３８１７－５６７０，FAX０３－３８１５－８１９９)
  の許諾を得てください。

まえがき

「ウェーブレット解析が時空間解析に有効であることは多くの解析事例や研究発表から理解できるのだが，難しそうで，また，理解に時間がかかりそうで手が出せない」との御意見を拝聴する．また，「この手法に関する多くの本が刊行されているが，どれも難しそうで理解できそうにない，また，数学的準備が不十分であるので一人では習得できそうにない」との声をよく耳にする．

筆者も「ウェーブレット解析の基礎理論(森北出版)」を2000年に著したが，「基礎理論と題しているが，まだ難解である」との御指摘も多くあり，さらに，「ウェーブレット基底関数の選択が重要であるといっておきながら，その算出方法が記載されていない」等の御指摘も頂戴した．

さらに，「ウェーブレット解析の最も基本的で，かつ，有用な多重解像度解析だけでも，一人でも学べ，高校レベルの数学知識でも習得可能であって，大学の時空間解析の教科書にも使用できるような解説本が欲しい」との御要望も筆者にたくさん寄せられた．

それら御意見，御指摘，御要望にお応えするべく本書を著すことを思い立った．そのため，本書のタイトルを「独習ウェーブレット解析」とした．理解しやすいように，図や例題を多く採り入れ，章毎に理解度を自己チェックできるようにした．また，応用例も多く盛り込んだつもりである．さらに，式の導出にも工夫をしたつもりである．

ウェーブレット基底関数は，Haar, Daubechiesのように直交，双直交であれば直交基底関数であるが故に，ウェーブレット変換およびそれに基づく解析が効率良く行える．また，直交，双直交の条件が満たされない場合でも，双対性がそれに代わり得る．さらに，基底関数に関する研究は，複素関数にまで

及んでいる．複素空間における直交性や双対性を有するウェーブレット基底関数が研究されている．

ウェーブレット解析の応用分野は，拡大の一途を辿っている．基礎的，共通的応用研究として，リフティングウェーブレットによる任意特性のフィルターの構成がある．ウェーブレット変換自体がフィルターバンクと同じ機能を有することから，任意特性のフィルターを構成することが可能であるが，これを実装するには応用研究が必要である．

本書では，これら最新の研究をサポートする，基礎的な理論を理解しやすく著すことを目的としている．これら最新の研究の内容については関連Webサイトや参考文献を紹介するに止めている．また，基底関数の選択は，対象とする入力に依存しており，一通りの最適な方法が定まっていないが，種々の基底関数をそれらの特徴および導出方法と併せて紹介し，特に，サポート長の選び方については対象入力の変化に合わせたものを使用するように示唆を与えている．

第1章では，直交関数の定義，直交関数を用いることにより，信号，データの解析が効率良く行える理由を説明した．フーリエ変換が誕生するまでの歴史的な流れ，フーリエ変換の核関数が直交関数である理由，フーリエ変換とウェーブレット変換との類似点と相違点を説明し，フーリエ変換を理解している読者がウェーブレット変換を理解しやすいように工夫してみた．

第2章は，ウェーブレット変換を定義し，とりわけ重要なTwo-Scale関係，マザーウェーブレットとスケーリング関数について詳述した．また，関数空間の定義に始まり，直交補空間定理までの理論背景を説明し，信号，データを関数近似することについても記述を加えた．直交補空間が理解できると，多重解像度解析が理解できるようになる．信号，データを分解し，それらを再構成すると元に戻ることがわかるようになる．

第3章は，直交性だけでなく，双対性を有する関数系を導入し，双対基底関数，それによる信号，データの関数近似および分解と再構成の方法を示した．直交関数系でなくとも双対関数系でも分解および再構成と同様のことができることを示した．

第4章は，具体例を多く紹介しながら，基底関数の生成法を詳述した．ここ

では，Haar, Daubechies の基底関数に限定して示した．他の基底関数の生成法は Matlab, Mathematica 等のプログラムから比較的容易に生成できるので，実用上の問題はないが，基底関数の条件式を与え，基底関数を生成するまでの過程が重要であると考え，基底関数の生成法を詳述した．このために必要となる数値積分 (台形公式), 反復解法 (Newton 法) 等についても説明を加えた．

第 5 章は，適用例である．Haar, Daubechies の基底関数に基づくウェーブレット変換によるデータを圧縮，電子透かしに代表される情報ハイディング (鍵画像の挿入等)，幾何学的形状の記述，画像中のエッジの強調等の適用例を示した．

また，第 6 章には問題とその解答例を記載した．出題に当たっては，ウェーブレット解析への理解を深められるように配慮した．

第 7 章は，基底関数を生成するために必要となる数値積分 (台形公式), 反復解法 (Newton 法) 等についてプログラム例とともに記述した．また，第 8 章ではウェーブレット解析を理解する上で有用な図書および Web サイトを紹介した．

筆者が浅学非才のため，本書には多くの誤り等が散見されるものと思われる．御指摘，御叱責戴ければ幸甚である．

平成 18 年 5 月

佐賀大学新井研究室にて著者記す．

目　　次

第 1 章　数学的準備　　**1**
- 1.1　直交関数系 1
- 1.2　フーリエ級数とフーリエ級数展開 3
- 1.3　フーリエ変換 8
- 1.4　フーリエ変換とウェーブレット変換 12
- 1.5　短時間フーリエ変換 17
- 1.6　適用例 19
- 1.7　ウェーブレット解析とウェーブレット変換 21
  - 1.7.1　ウェーブレット解析 21
  - 1.7.2　ウェーブレット変換 28

第 2 章　ウェーブレット変換　　**31**
- 2.1　連続ウェーブレット変換と離散ウェーブレット変換 31
- 2.2　マザーウェーブレットとスケーリング関数 32
  - 2.2.1　two-scale 関係 32
  - 2.2.2　関数 ϕ_H と関数 ψ_H 38
- 2.3　近似関数 38
- 2.4　関数空間の階層構造 46
- 2.5　直交補空間定理 47
  - 2.5.1　直交補空間 47
  - 2.5.2　関数 $g_j(x)$ と関数 $f_j(x)$ 48
- 2.6　連続ウェーブレット変換と離散ウェーブレット変換 48
- 2.7　関数 $g_j(x)$ および関数 $f_j(x)$ 50

2.8	多重解像度	50
2.9	分解アルゴリズム	51
2.10	再構成アルゴリズム	55
2.11	分解アルゴリズムと再構成アルゴリズム	56

第3章 直交関係と双対関係 60

3.1	直交性と双対性	60
3.2	双対基底	61
3.3	基底構成手順	64
3.4	双対基底による近似関数	65
3.5	分解アルゴリズムと再構成アルゴリズム	67

第4章 離散ウェーブレット変換 68

4.1	双対表現	68
4.2	分解アルゴリズムと再構成アルゴリズムの行列表現 (Haar 基底の場合)	71
4.3	離散ウェーブレット変換	72
4.4	可逆なウェーブレット変換	77
4.5	直交行列	77
4.6	Haar 基底による変換と行列 C_n による変換	80
4.7	サポート長	82
4.8	係数 $\{p_k\}$ および係数 $\{q_k\}$ の決定法 (Daubechies 基底の場合)	85
4.9	多次元ウェーブレット変換	87
4.10	スケーリング関数とマザーウェーブレット	89
	4.10.1 スケーリング関数とマザーウェーブレットの性質	89
	4.10.2 直交性	91
4.11	Daubechies 基底	93
	4.11.1 Daubechies 基底の係数の求め方	93
	4.11.2 Daubechies 基底の係数の特徴	94
4.12	双対ウェーブレット	96

第 5 章 適用例　　98

- 5.1 エッジ抽出 99
- 5.2 ウェーブレット多重解像度解析によるデータ・ハイディング 100
  - 5.2.1 ウェーブレット多重解像度解析 101
  - 5.2.2 データ・ハイディング 101
- 5.3 ウェーブレット変換を伴うブラインドセパレーションに基づく話者分離 102
  - 5.3.1 話者分離手法 102
  - 5.3.2 実　験 105
    - 5.3.2.1 実験に使用した音声信号 105
    - 5.3.2.2 実験条件 106
    - 5.3.2.3 実験結果 106
- 5.4 4次元ウェーブレット変換による回転加速度移動物体の動的特性抽出手法 112
  - 5.4.1 数値実験 115
    - 5.4.1.1 使用データ 116
    - 5.4.1.2 実験方法 117
    - 5.4.1.3 実験結果 118
- 5.5 降雨量の3次元分布を観測する衛星データのエッジ抽出 . . . 121
  - 5.5.1 エッジ抽出法 121
  - 5.5.2 実験結果 122
  - 5.5.3 考　察 126
- 5.6 ウェーブレット多重解像度解析による画像のエッジ抽出プログラム例 126

第 6 章 総合問題と解答　　136

第 7 章 数値解析手法　　153

- 7.1 数値積分 (台形則) 153
  - 7.1.1 数値積分プログラム 154

7.2 Newton 法 155
7.3 Newton 法のプログラム例 158

第8章　参考図書とウェーブレット解析用ソフトウェアの Web サイト 162
8.1 書　籍 162
8.2 参考文献 163
8.3 ウェーブレット関連 Web サイト 164
8.4 その他の有用なサイト 166

第9章　あとがき　167

索引　168

第1章

数学的準備

1.1 直交関数系

1747 年,ダランベールは,弦の振動の方程式,

$$\frac{\partial^2 y}{\partial t^2} = a^2 \frac{\partial^2 y}{\partial x^2} \tag{1.1}$$

において,f を T を周期とする任意の関数として,$x = 0$ および $x = l$ の時,$y = 0$ となる条件の下に方程式の解を求めると,

$$y = f(at + x) - f(at - x) \tag{1.2}$$

となることを示した.これを受けて,1753 年にはベルヌーイが,任意の周期関数は,

$$y = \frac{a_0}{2} + \sum_{n=1}^{\infty}(a_n \cos \frac{n\pi x}{T/2} + b_n \sin \frac{n\pi x}{T/2}) \tag{1.3}$$

で表現できることを示した.そして,1807 年にフーリエは,熱伝導の問題を扱っている時に,任意の周期関数は,

$$y = \frac{a_0}{2} + \sum_{n=1}^{\infty}(a_n \cos n\pi x + b_n \sin n\pi x) \tag{1.4}$$

で表すことができ,その係数は,

$$a_n = \frac{1}{\pi} \int_{-\pi}^{\pi} f(x) \cos nx \, dx$$

$$b_n = \frac{1}{\pi} \int_{-\pi}^{\pi} f(x) \sin nx dx \tag{1.5}$$

で表せることを示した．その後，ディリクレは，この式は，任意の周期関数では成立せず，有界な 1 価関数であり，不連続点数が有限であり，極大および極小の個数も有限である場合に限り，成立することを示した．また，1820 年には有名な数学者コーシーによって，このように係数を表すことにより，y の級数は収束し，その総和は $f(x)$ に等しくなることを示した．このように，任意の周期関数を三角関数の無限級数の和 (関数の集まりを関数系という.) として表現することをフーリエ級数展開という．この周期を無限大にすると，$n\pi x/(T/2)$ は連続変数になり，総和の刻みが無限小幅になって積分に変わり，フーリエ積分，または，フーリエ変換，

$$f(x) = \sum_{n=-\infty}^{\infty} C_n e^{i(n\omega)x}$$

$$C_n = \frac{1}{T} \int_{-T/2}^{T/2} f(x) e^{-i(n\omega)x} dx \tag{1.6}$$

となる．

　任意の周期関数は三角関数の無限級数に展開して表現できることがわかった．三角関数だけでなく，他の関数系 ($\phi_n(x)$) の無限級数で任意の関数を表現する，

$$f(x) = \sum_{n=0}^{\infty} c_n \phi_n(x) \tag{1.7}$$

ことができる場合，この関数系を完全系という．したがって，あらかじめ関数系のみを定義しておきさえすれば，c_n の係数のみによってこの任意の関数を表現することができることになる．すなわち，c_n の無限次元のベクトルによって，任意の関数を表現し得たことになる．

　さて，$\phi_n(x)$ の関数系になるには条件が必要である．関数の直交条件である．関数系の中から任意の 2 つを取り出して掛け合わせ，完全系の適用範囲と同じ範囲で積分すると 0 になる条件である．

$$\int \phi_k(x)\phi_l(x)dx = \begin{cases} 0 & k \neq 1 \\ > 0 & k = 1 \end{cases} \tag{1.8}$$

この性質をもつ関数系を直交関数系という. たとえば,

$$1/\sqrt{2\pi}, \cos x/\sqrt{\pi}, \sin x/\sqrt{\pi}, ...$$

$$\cos nx/\sqrt{\pi}, \sin nx/\sqrt{\pi}, ... \tag{1.9}$$

は, $(-\pi, \pi)$ の範囲で直交系を作る. 特に, これらの場合,

$$\int \phi_k(x)\phi_l(x)dx = \begin{cases} 0 & k \neq 1 \\ 1 & k = 1 \end{cases} \tag{1.10}$$

となるので 1 に正規化されていることから正規直交系という. これを用いると, 任意の関数は完全正規直交関数系によって展開でき, その係数によりベクトルとして表現できることになる. このベクトルの任意の要素, すなわち, 係数 c_m は,

$$c_m = \int f(x)\phi_m(x)dx \tag{1.11}$$

とすることにより求められる.

$$c_m = \int \sum_{n=0}^{\infty} c_n \phi_n(x)\phi_m(x)dx \tag{1.12}$$

であるので ϕ の直交性から, $n = m$ の項だけが $\phi_n(x)\phi_m(x) = 1$ となり, 後はすべて 0 になるからである. フーリエ変換もウェーブレット変換もこの直交性を有する関数を見つけることが重要である. これにより, ベクトル表現が可能になり, そのために必要な計算量が, 直交関数系であるが故に劇的に削減できるのである.

1.2 フーリエ級数とフーリエ級数展開

周期 T である任意の時間関数 $f(t)$ は, sin および cos 関数の無限級数により表現することができる. すなわち,

$$f(t) = a_0 + \left(a_1\cos(1\frac{2\pi}{T}t) + b_1\sin(1\frac{2\pi}{T}t)\right) + \left(a_2\cos(2\frac{2\pi}{T}t) + b_2\sin(2\frac{2\pi}{T}t)\right)$$

$$+ .... + \left(a_n\cos(n\frac{2\pi}{T}t) + b_n\sin(n\frac{2\pi}{T}t)\right) + ... \tag{1.13}$$

$$= a_0 + \sum_{n=1}^{\infty}\left(a_n\cos(n\frac{2\pi}{T}t) + b_n\sin(n\frac{2\pi}{T}t)\right) \tag{1.14}$$

$$= a_0 + \sum_{n=1}^{\infty}\left(a_n\cos(n\omega t) + b_n\sin(n\omega t)\right) \tag{1.15}$$

となる．なお，変数 ω は角周波数と呼ばれ，$\omega = 2\pi/T$ [*1] である．係数 a_0 および係数 $a_1, a_2,...., a_n$ および係数 $b_1, b_2,...., b_n$ を設定することにより，周期 T の任意関数を一意に構成することができる．逆に，周期 T である与えられた関数 $f(t)$ に対して，係数 a_0 および係数 $a_1, a_2,...., a_n$ および係数 $b_1, b_2,...., b_n$ を算出するためには，

$$\int_{-T/2}^{T/2} f(t)dt = \int_{-T/2}^{T/2}\left[a_0 + \sum_{n=1}^{\infty}\left(a_n\cos(n\omega t) + b_n\sin(n\omega t)\right)\right]dt$$

$$= \int_{-T/2}^{T/2} a_0 dt + \int_{-T/2}^{T/2}\left[\sum_{n=1}^{\infty}\left(a_n\cos(n\omega t) + b_n\sin(n\omega t)\right)\right]dt$$

$$= a_0 T + 0 = a_0 T \tag{1.16}$$

$$\int_{-T/2}^{T/2} f(t)\cos(k\omega t)dt$$

$$= \int_{-T/2}^{T/2}\left[a_0 + \sum_{n=1}^{\infty}\left(a_n\cos(n\omega t) + b_n\sin(n\omega t)\right)\right]\cos(k\omega t)dt$$

$$= \int_{-T/2}^{T/2} a_0\cos(k\omega t)dt + \int_{-T/2}^{T/2}\left(a_k\cos(k\omega t)\right)\cos(k\omega t)dt$$

$$= a_k\int_{-T/2}^{T/2}\cos^2(k\omega t)dt \tag{1.17}$$

[*1] $1/T$，周期の逆数は周波数であり，1 秒当たりの振動数に相当する．

$$\int_{-T/2}^{T/2} f(t)\sin(k\omega t)dt$$

$$= \int_{-T/2}^{T/2} \left[a_0 + \sum_{n=1}^{\infty}\left(a_n\cos(n\omega t) + b_n\sin(n\omega t)\right)\right]\sin(k\omega t)dt$$

$$= \int_{-T/2}^{T/2} a_0\sin(k\omega t)dt + \int_{-T/2}^{T/2}\left(b_k\sin(k\omega t)\right)\sin(k\omega t)dt$$

$$= b_k\int_{-T/2}^{T/2}\sin^2(k\omega t)dt \tag{1.18}$$

とすることにより表現できる．周期 T が既知である場合，角周波数 ω は既知である．周期 T の与えられた関数 $f(t)$ に対して，係数 a_0 および係数 a_1, a_2,...., a_n および係数 b_1, b_2,...., b_n を算出することをフーリエ級数展開という．

図 1.1 の観測信号をフーリエ級数展開することにより，図 1.2 に示すように，観測信号が $\cos(4x)$ および $\cos(5x)$ および $\sin(9x)$ によって構成されていることがわかる．

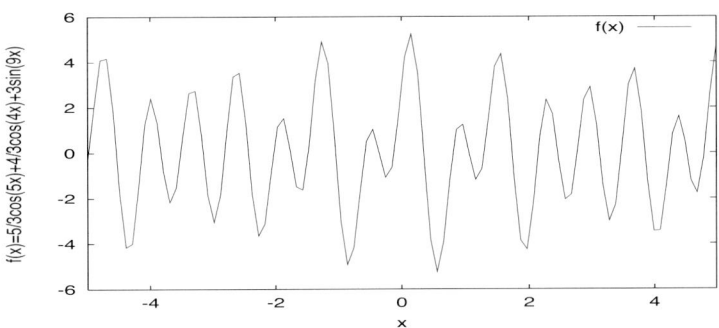

図 1.1 観測信号の例 $f(x) = 5/3cos(5x) + 4/3cos(4x) + 9/3sin(9x)$

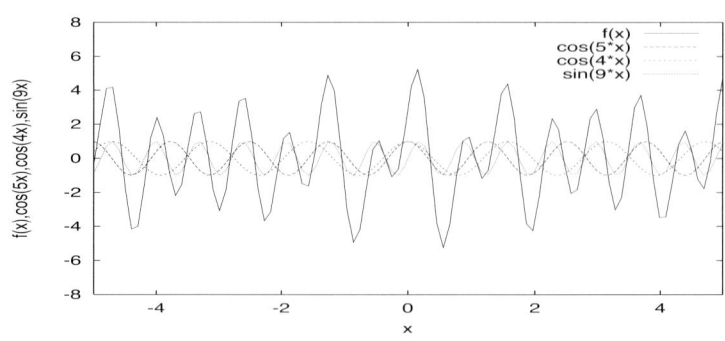

図 1.2 観測信号をフーリエ級数に分解した例

複素数表現によるフーリエ級数は，式 (1.19) から (1.22) のオイラーの公式を用いて，式 (1.23), (1.24) と表現できる．これらはフーリエ級数展開の三角関数をオイラーの公式により指数関数によって置き換えることによって得られる．

$$e^{i(n\omega)t} = \cos(n\omega t) + i\sin(n\omega t) \tag{1.19}$$

$$e^{-i(n\omega)t} = \cos(n\omega t) - i\sin(n\omega t) \tag{1.20}$$

$$\cos(n\omega t) = \frac{e^{i(n\omega)t} + e^{-i(n\omega)t}}{2} \tag{1.21}$$

$$\sin(n\omega t) = \frac{e^{i(n\omega)t} - e^{-i(n\omega)t}}{2i} \tag{1.22}$$

$$f(t) = \sum_{n=-\infty}^{\infty} C_n e^{i(n\omega)t} \tag{1.23}$$

$$C_n = \frac{1}{T}\int_{-T/2}^{T/2} f(t)e^{-i(n\omega)t}dt \tag{1.24}$$

問題

上式の $f(t)$ の総和の範囲が $-\infty$ である理由を述べよ.

解答例

フーリエ級数展開の三角関数をオイラーの公式により指数関数によって置き換えると, cos の項は $n=1$ から ∞ の総和の範囲に相当し, sin の項は $n=-\infty$ から -1 までの総和に相当していることがわかる. なお, $n=0$ の項は a_0 に相当している.

問題

以下の振幅 A, パルス幅 τ, 周期 T_1, 時間遅れ t_1 の矩形パルス周期関数をフーリエ級数展開せよ.

$$f(t) = 0, t_1 + \tau_1 - T_1 \leq t \leq t_1 \tag{1.25}$$
$$= A, t_1 \leq t \leq t_1 + \tau_1$$

解答例

式 (1.24) を用いて,

$$C_n = \int_{t_1+\tau_1-T_1}^{t_1} 0 e^{-in\omega t} dt + \int_{t_1}^{t_1+\tau_1} A e^{-in\omega t} dt \tag{1.26}$$
$$= \tau_1 A \frac{\sin n\omega \tau_1/2}{n\omega \tau_1/2} e^{-in\omega t_1 + \tau_1/2}$$

この n は, 周波数に相当しており, $\sin(n\omega\tau_1/2)/(n\omega\tau_1/2) = \sin x/x$ は, 標本化関数と呼ばれる, 図 1.3 に示す関数である.

8　第1章　数学的準備

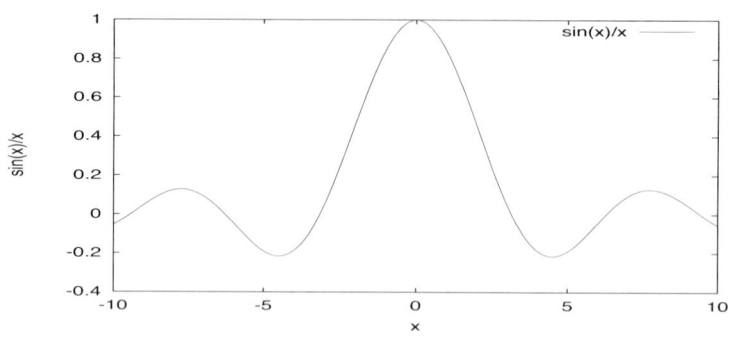

図 1.3　標本化関数

1.3　フーリエ変換

観測信号には周期が無限大の信号も存在する．その場合は，

$$f(t) = \lim_{T\to\infty} \sum_{n=-\infty}^{\infty} C_n e^{i(n\omega)t} \tag{1.27}$$

$$= \lim_{T\to\infty} \sum_{n=-\infty}^{\infty} \left[\frac{1}{T}\int_{-T/2}^{T/2} f(t)e^{-i(n\omega)t}dt\right]e^{i(n\omega)t} \tag{1.28}$$

となる．さらに変形すると，

$$f(t) = \int_{-\infty}^{\infty} \left[\int_{-\infty}^{\infty} f(t)e^{-i\omega t}dt\right]e^{i\omega t}d\omega \tag{1.29}$$

となる．

$$F(\omega) = \int_{-\infty}^{\infty} f(t)e^{-i\omega t}dt \tag{1.30}$$

をフーリエ変換といい，

$$f(t) = \int_{-\infty}^{\infty} F(\omega)e^{i\omega t}d\omega \tag{1.31}$$

をフーリエ逆変換という．これらの式から明らかなように，フーリエ変換は逆変換可能(可逆)であることがわかる．

このようにして得られた $F(\omega)$ は，観測信号 $f(t)$ の角周波数成分であり，観測信号をフーリエ変換すると周波数成分が推定できる (スペクトル解析) ことになる．たとえば，観測信号を音声とすれば，フーリエ変換により音声のスペクトル解析を行い，音声を認識することができるようになる．

問題

以下の孤立パルス波をフーリエ変換し，周波数成分を求めよ．

$$f(t) = 0, -\infty \leq t \leq t_1 \qquad (1.32)$$
$$= A, t_1 \leq t \leq t_1 + \tau_1$$
$$= 0, t_1 + \tau_1 \leq t \leq \infty$$

解答例

フーリエ変換の定義式 (1.30) から，

$$F(\omega) = \int_{t_1}^{t_1+\tau_1} A e^{-i\omega t} dt \qquad (1.33)$$
$$= \tau_1 A \frac{\sin \omega \tau_1/2}{\omega \tau_1/2} e^{-i\omega(t_1+\tau_1/2)}$$

となる．周期パルス関数の周波数成分は n 周波数成分，すなわち，離散的な周波数の関数となっているが，孤立パルス関数の周波数成分は，単に ω の関数になっており，連続関数になっている．

この定義式より，フーリエ変換の結果は，複素角周波数の関数となることがわかる．すなわち，

$$F(\omega) = Re + iIm \qquad (1.34)$$

である．この実部と虚部の2乗の和を電力スペクトル $|F(\omega)|^2$ と呼び，$|F(\omega)|$ は，振幅スペクトルと呼ぶ．また，

$$P(\omega) = Re/Im \qquad (1.35)$$

を位相スペクトルと呼び，これらスペクトルを求めることをスペクトル解析

と呼ぶ. さらに,
$$\int_{-\infty}^{\infty} |f(t)|^2 dt = \frac{1}{2\pi} \int_{-\infty}^{\infty} |F(\omega)|^2 d\omega \tag{1.36}$$
であり, 時間 (または, 空間) 領域における電力は, 周波数領域における電力に等しい.

　信号, パターン, 画像等の任意の時刻 (画像の場合は空間位置) における周波数成分を調べることを時間周波数解析と呼ぶ. フーリエ変換は $-\infty \leq \infty$ における周波数成分を求めることができるが, 任意の時刻における周波数成分は求められない. また, 時間周波数解析には越えられない限界が存在する. 前出の問題に取り上げた孤立した矩形パルスの時間周波数解析を考える. パルス幅 τ_1 の振幅スペクトルは,
$$|F(\omega)| = \tau_1 A \frac{\sin \omega \tau_1/2}{\omega \tau_1/2} \tag{1.37}$$
であり, この 2 乗が電力スペクトルになる. この全周波数にわたる積分は電力, すなわち, エネルギーである.
$$\int_{-\infty}^{\infty} |F(\omega)|^2 d\omega \tag{1.38}$$
いま, この周波数成分に帯域を設け, $-\Omega$ から Ω までに帯域を制限すると, 制限帯域内におけるエネルギーの全エネルギーに対する比が求められる.
$$\frac{\int_{-\Omega}^{\Omega} |F(\omega)|^2 d\omega}{\int_{-\infty}^{\infty} |F(\omega)|^2 d\omega} = \frac{1}{\pi} \int_{-\Omega}^{\Omega} |\frac{\sin \omega \tau_1/2}{\omega \tau_1/2}|^2 d(\frac{\omega \tau_1}{2}) \tag{1.39}$$
帯域を無限に広くすれば, 無限小のパルス幅の矩形パルスも表現できるが, ある程度帯域を制限しても広い時間幅のパルスのエネルギーの大半は表現できることがわかる. すなわち, 矩形パルス幅 τ_1 を小さくすると, これを表現するために必要な帯域幅は大きくなり, 逆に, 広い時間幅のパルスを表現する場合の帯域幅は狭くても良いことがわかる. いま, 仮に, 全エネルギーを 1 と仮定し,
$$\int_{-\infty}^{\infty} |f(t)|^2 dt = \frac{1}{2\pi} \int_{-\infty}^{\infty} |F(\omega)|^2 d\omega = 1 \tag{1.40}$$

これらの統計学でいうところの 2 次モーメント (分散) をそれぞれ, 時間幅, 帯域幅と定義すれば,

$$(\triangle t)^2 = \int_{-\infty}^{\infty} t^2 |f(t)|^2 dt \tag{1.41}$$

$$(\triangle \omega)^2 = \frac{1}{2\pi} \int_{-\infty}^{\infty} \omega^2 |F(\omega)|^2 d\omega$$

となる.

$$(\triangle \omega)^2 = \frac{1}{2\pi} \int_{-\infty}^{\infty} |i\omega F(\omega)|^2 d\omega \tag{1.42}$$

$$= \int_{-\infty}^{\infty} |\frac{df}{dt}|^2 dt$$

であり, シュワルツの不等式から,

$$\int_{-\infty}^{\infty} |tf(t)|^2 dt \int_{-\infty}^{\infty} |\frac{df}{dt}|^2 dt \geq |\int_{-\infty}^{\infty} tf(t)\frac{df}{dt}dt|^2 \tag{1.43}$$

となるので,

$$(\triangle t)^2 (\triangle \omega)^2 \geq |\int_{-\infty}^{\infty} tf(t)\frac{df}{dt}dt|^2 \tag{1.44}$$

となる.

$$\int_{-\infty}^{\infty} tf(t)\frac{df}{dt}dt = [tf^2]_{-\infty}^{\infty} - \int_{-\infty}^{\infty} |f^2|dt - \int_{-\infty}^{\infty} tf\frac{df}{dt}dt \tag{1.45}$$

と部分積分し, 第 1 項の極限を 0 と仮定すれば, この積分は $-1/2$ となる. したがって,

$$(\triangle t)^2 (\triangle \omega)^2 \geq (1/2)^2 \tag{1.46}$$

となる. すなわち,

$$(\triangle t)(\triangle \omega) \geq 1/2 \tag{1.47}$$

であり, 時間幅と帯域幅は, 同時には限りなく小さくすることは不可能であることがわかる. これを時間周波数解析の不確定性原理と呼ぶ. さて, この限界, すなわち上式の等号が成立するのは, tf と df/dt が比例する時である.

この比例定数を a とすると,

$$\frac{df}{dt} + \frac{t}{a}f = 0 \tag{1.48}$$

となり, この式が成立する $f(t)$ は,

$$f(t) = (\frac{1}{\pi a})^{1/4} e^{-t^2/2a} \tag{1.49}$$

であり, これから $(\triangle t)^2$ を計算すると, $a/2$ となり, 結局,

$$f(t) = (\frac{1}{2\pi(\triangle t)^2})^{1/4} e^{-t^2/4(\triangle t)^2} \tag{1.50}$$

となる. すなわち, ガウス関数である. したがって, ガウス関数で表されるパルスによって, 時間幅と帯域幅の積を最小にすることができることがわかる. 時間制限, 帯域制限下において, 最もエネルギーを効率良く伝達できるのは, ガウス関数で表現されるパルスであることがわかる.

1.4 フーリエ変換とウェーブレット変換

複素関数 $f(t)$ と 複素関数 $g(t)$ の内積は,

$$<f|g> \stackrel{\text{def}}{=} \int_{-\infty}^{\infty} \overline{g(t)} \cdot f(t) dt \tag{1.51}$$

で定義される. ここで $\overline{g(t)}$ は $g(t)$ の複素共役であり, $g(t) = a + ib$ ならば $\overline{g(t)} = a - ib$ である. この内積が 0 になる関数を直交関数という. フーリエ変換は,

$$F(\omega) \stackrel{\text{def}}{=} \int_{-\infty}^{\infty} \overline{e^{i\omega t}} \cdot f(t) dt \tag{1.52}$$

で表される. すなわち, フーリエ変換とは, 観測信号と指数関数の内積であることがわかる. また, この $\overline{e^{i\omega t}}$ のことを積分核, または, 核関数という.

観測信号の周波数成分を推定 (スペクトル解析) する時, 観測時間を無限大にとれば理想的であるが, 現実には有限時間しか観測できない. この周波数成分を観測信号にフーリエ変換を適用して推定する場合, 有限時間内の観

測信号が繰り返されたものとして周波数成分を推定することになるが、これは明らかに実際の信号の周波数成分とは異なる。実際の信号には繰り返しは存在しないし、かつ、繰り返し時刻における不連続もない。そのため、有限時間内に観測された観測信号にある窓関数を掛けて、繰り返しも繰り返し時刻における不連続も生じないようにしてからフーリエ変換を適用し、窓関数の周波数成分を考慮して実際の信号の周波数成分を推定することがよく行われる。

窓関数付きフーリエ変換は、

$$F(\omega, k) \stackrel{\text{def}}{=} \int_{-\infty}^{\infty} \overline{e^{i\omega t}} \cdot h(t,k) f(t) dt \tag{1.53}$$

で表される。ただし、$h(t,k)$ は窓関数であり、たとえば、

$$h(t,k) = \frac{1}{2}\left(1 + \cos\frac{2\pi(t-k)}{N}\right) \tag{1.54}$$

$$h(t,k) = \begin{cases} 1 & |t-k| \leq T_1/2 \\ 0 & |t-k| > T_1/2 \end{cases} \tag{1.55}$$

等がある。

窓関数として矩形波を採用した場合の窓関数付きフーリエ変換の例を図 1.4, 1.5, 1.6 に示す。

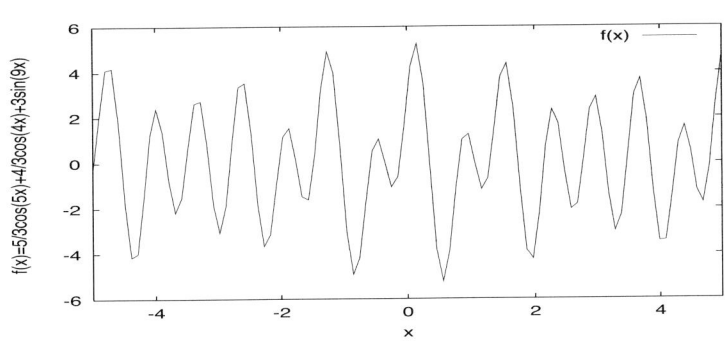

図 1.4 観測信号の例

14　第 1 章　数学的準備

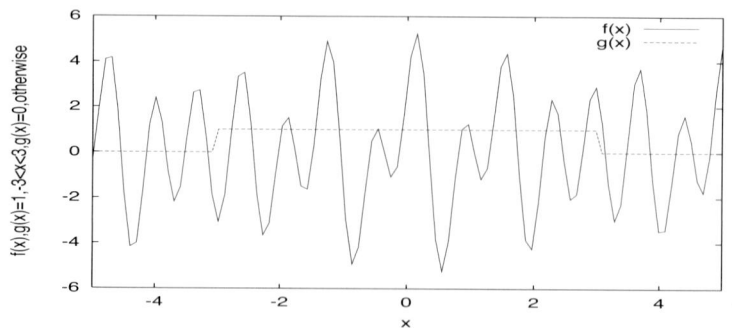

図 1.5　観測信号と矩形窓関数

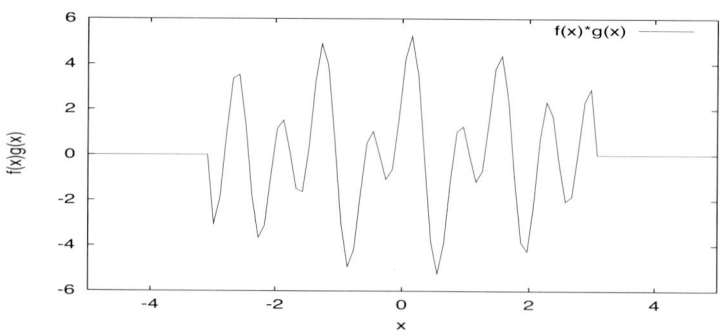

図 1.6　観測信号に矩形の窓関数を乗じた例

　この窓関数を施された後の信号に対してフーリエ変換を行えばよい．また，窓関数として別の矩形波 ($y = 1, \ 4 < x < 6, \ \ y = 0,$ その他のとき) を採用した場合の窓関数付きフーリエ変換を図 1.7, 1.8 に示す．

1.4 フーリエ変換とウェーブレット変換　15

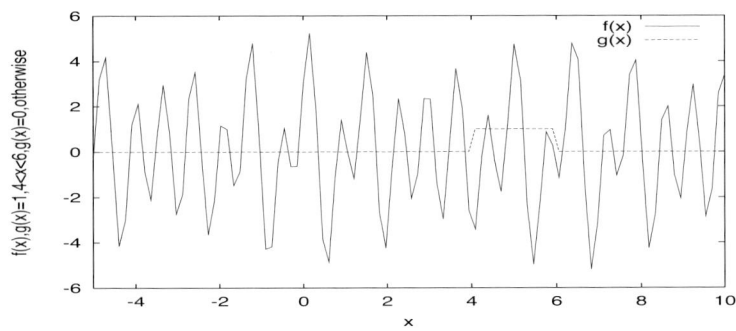

図 1.7　観測信号と矩形窓関数

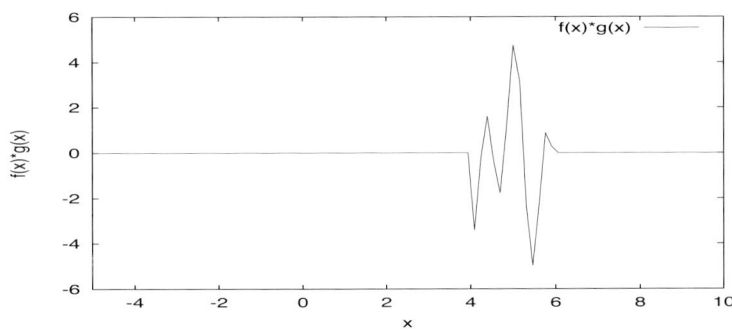

図 1.8　観測信号に矩形の窓関数を乗じた例

この窓関数を施された後の信号に対してフーリエ変換を行えばよい．
一方，ウェーブレット変換は，

$$W(k,j) \stackrel{\text{def}}{=} \sqrt{\frac{1}{|j|}} \cdot \int_{-\infty}^{\infty} \overline{\psi\left(\frac{t-k}{j}\right)} \cdot f(t)dt \tag{1.56}$$

$$= \int_{-\infty}^{\infty} \sqrt{\frac{1}{|j|}} \overline{\psi\left(\frac{t-k}{j}\right)} \cdot f(t)dt \tag{1.57}$$

と表される．したがって，フーリエ変換・窓関数付きフーリエ変換・ウェーブレット変換は内積演算により実現されることがわかる．さらに，フーリエ変換は三角基底関数を核関数とすることにより定義され，ウェーブレット変

換は種々の関数を核関数とすることにより定義されることがわかる．すなわち，フーリエ変換は，図 1.9 の三角関数の基底関数を核関数としているのに対し，ウェーブレット変換は，図 1.10, 1.11 を核関数としている．

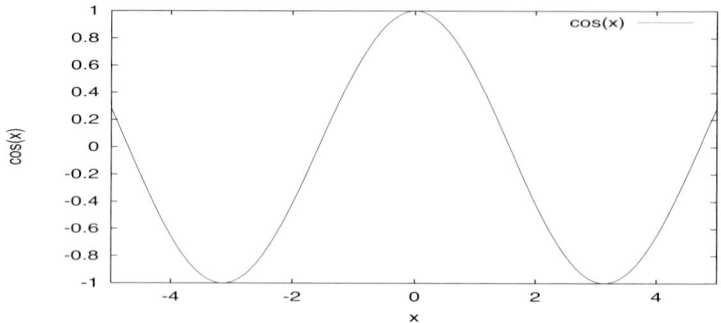

図 1.9 フーリエ変換の基底関数 (三角関数:$cos(x)$)

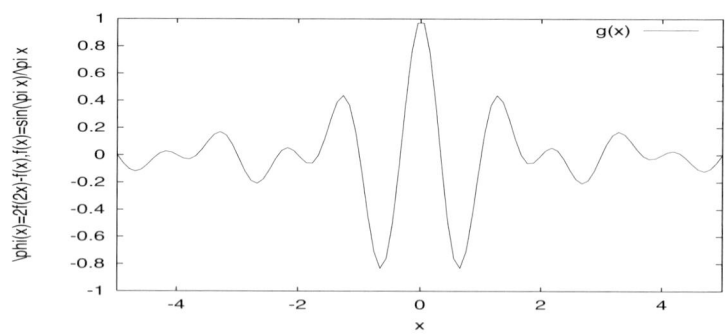

図 1.10 ウェーブレット変換の基底関数 (Shannon: $\phi(x) = 2f(2x) - f(x), f(x) = \sin(\pi x)/\pi x$) の例

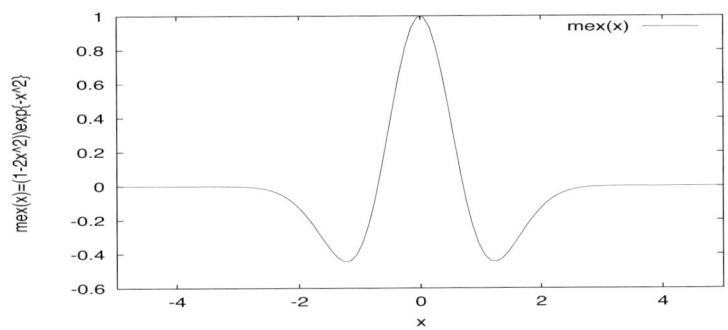

図 1.11 ウェーブレット変換の基底関数 (Mexican Hat: $\phi(x) = (1 - 2x^2)e^{-x^2}$) の例

観測信号と核関数があれば，フーリエ変換・窓関数付きフーリエ変換・ウェーブレット変換は実現可能である．

1.5 短時間フーリエ変換

フーリエ変換を用いることにより信号等の周波数成分を調べることはできるが，時間情報が失われているため，時間周波数解析には適していない．すなわち，フーリエ変換は，信号等を定常過程と見なした場合の周波数成分しか調べることができない．信号等は非定常な部分に重要な情報が存在することが多く，任意の時刻における周波数成分を調べたい場合にはフーリエ変換は適していないのである．

任意の時間間隔における信号等の周波数成分を調べるため，前出の窓関数付きフーリエ変換が考え出された．Gabor 変換と呼ばれる短時間フーリエ変換であり，

$$G_\phi(b,\omega) = \int_\infty^\infty e^{-i\omega t}\phi(t-b)dt \tag{1.58}$$

で定義される．この窓関数 ϕ は，以下のガウス関数である．

$$\phi_\alpha(t) = \frac{1}{2\sqrt{\pi\alpha}}e^{-\frac{t^2}{4\alpha}} \tag{1.59}$$

この b によって,信号等の解析したい時間領域を選択することができる.また,時間幅はガウス関数のパラメータ α により決定する.このようにガウス関数を用いることにより,前出の時間幅と周波数帯域幅との積を最小にする,最も効率の良い変換が可能になる.これにより,信号等の解析したい時間領域に焦点を当ててガウス関数の窓によって切り取った短時間領域の信号をフーリエ変換して周波数成分を調べることができるのである.しかし,窓関数を一度決定すると,この時間幅がすべての周波数に対して適用されるという欠点がある.これを克服したのがウェーブレット変換である.ウェーブレットとは「ウェーブ (波)」と「レット (小さい)」との複合語である.すなわち,基底関数としてフーリエ変換では直交関数である三角波を用いるが,ウェーブレット変換では局所時間領域で定義する「小さな波」を用いる.ウェーブレット変換は,時間周波数領域の選択自由度を高め,低い周波数成分をより詳細に得ようとする部分に対しては,時間領域を長く取り,また,高い周波数成分をより詳細に得ようとする部分に対しては,逆に,時間領域を短くするように工夫した時間周波数解析方法である.Gabor 変換は,時間周波数解析の不確定性原理からは最適であり,後述の連続ウェーブレット変換として用いることにより,周波数成分を調べるのには適しているが,基底関数にはなっていないため,離散ウェーブレット変換には適していない.また,任意の信号の標本化に用いるパルスの周波数成分,標本化関数に基づく,Shannon ウェーブレット,

$$\phi(t) = 2\frac{\sin 2\pi t}{2\pi t} - \frac{\sin \pi t}{\pi t} \tag{1.60}$$

も定義されており,理想的な周波数分解を与えることが知られているが,時間領域では無限の広がりをもつため,時間周波数解析には適さない.時間領域で無限の広がりをもつ理由は,周波数領域において関数が連続でないからである.これを連続にしたウェーブレットが Meyer ウェーブレットである.このことにより,このウェーブレットは無限回微分可能なものになったが,後述の通り,コンパクトサポートではない.直交基底を作る連続,かつ,コンパクトサポートなウェーブレットとして初めて世に登場したのが Daubechies ウェーブレットである.そのため,本書では Daubechies ウェーブレットおよ

びその次数が 2 の場合に一致する Haar ウェーブレット (2 値で構成される，極めてプログラムしやすいウェーブレット) を中心に，その基底関数の生成法から時間周波数解析の方法およびその応用例を紹介することにした．

1.6 適用例

図 1.12 の原画像に対してウェーブレット変換を適用すると，図 1.13(a), (b) のようになる．ここで (a) は原画像のサイズを 4 等分した左上，右上，左下，右下のそれぞれの画像からなり，順に縦横低周波成分，縦高周波・横低周波成分，縦低周波・横高周波成分および縦横高周波成分画像である．(b) は，それぞれの周波数成分画像を同じように 4 等分したサイズで各周波数成分画像を配置したものであり，画像のサイズが 1 画素になるまで繰り返すことができる．

図 1.12　原画像の一例

(a) 1段変換後の画像

(b) 2段変換後の画像

図 1.13　ウェブレット変換の例

1.7 ウェーブレット解析とウェーブレット変換

1.7.1 ウェーブレット解析

フーリエ変換は三角基底関数を核関数とすることにより定義され，ウェーブレット変換は種々の関数を核関数とすることにより定義される．そして，観測された信号と核関数があれば，フーリエ変換・窓関数付きフーリエ変換・ウェーブレット変換は実現可能である．

ウェーブレット変換において，核関数を構成するための基本参照波をマザーウェーブレットという．マザーウェーブレットは ψ で表される．

ウェーブレット解析とは，マザーウェーブレットを，

- 時間軸方向に拡大縮小
- 時間軸方向に平行移動

してドウターウェーブレットを生成し，その生成されたドウターウェーブレットと観測信号との関係を調べることである．

メキシカンハットと呼ぶマザーウェーブレット $\psi(x)$ を図 1.14 に例示する．

$$\phi(x) = mex(1,0) = (1-2x^2)e^{-x^2} \tag{1.61}$$

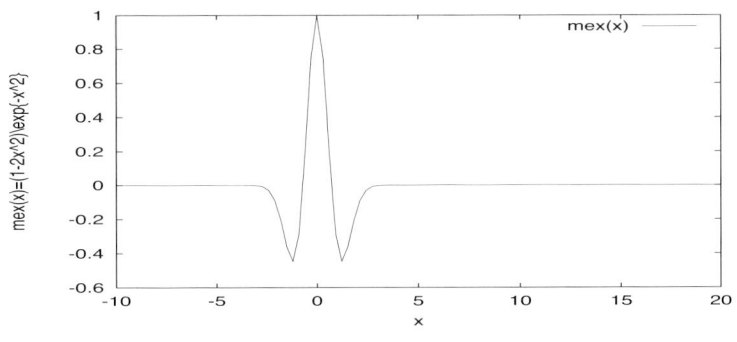

図 1.14 マザーウェーブレットの例

これを時間軸方向に拡大縮小した $\psi(2x) = mex(2,0) = (1-2(2x)^2)e^{-(2x)^2}$ は，図 1.15 になる．

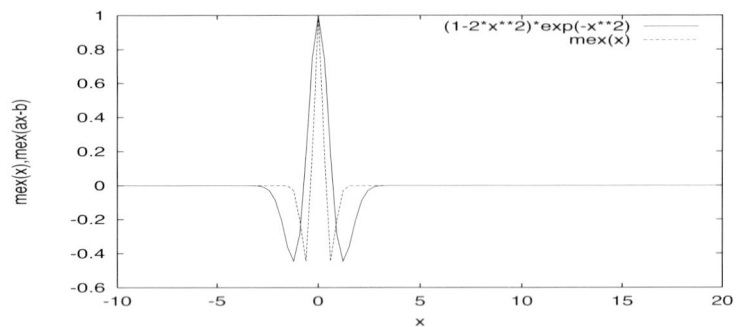

図 1.15 マザーウェーブレットを時間軸上に縮小した例

また,時間軸方向に平行移動した $\psi(x-9) = mex(1,9) = (1-2(x-9)^2 e^{-(x-9)^2}$ は,図 1.16 になる.

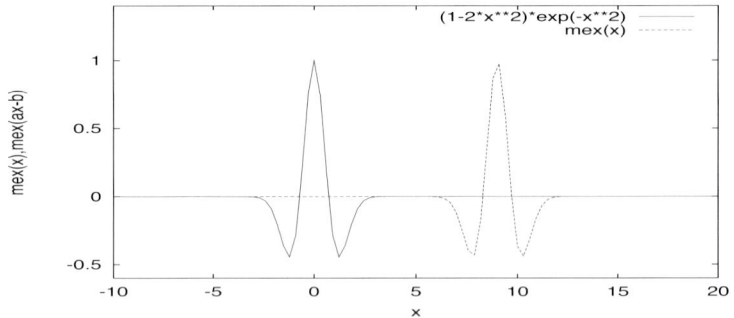

図 1.16 マザーウェーブレットを時間軸上に移動した例

さらに,$\psi(x)$, $\psi(2(x-9))$ および $\psi(0.3(x-6))$ は,図 1.17 になる.

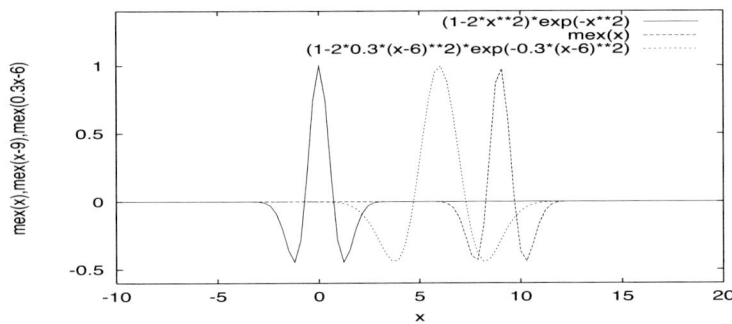

図 1.17 マザーウェーブレットを時間軸上に拡大縮小および移動した例

ドウターウェーブレット $\psi_{(a,b)}(x)$ は,

$$\psi_{(a,b)}(x) = \psi(\frac{x-b}{a}) \tag{1.62}$$

または,

$$\psi_{(a,b)}(x) = \frac{1}{\sqrt{a}}\psi(\frac{x-b}{a}) \tag{1.63}$$

と表されることがある．ドウターウェーブレットは，マザーウェーブレットにパラメータ (a,b) を導入し，パラメータ (a,b) を変化させることにより生成される．パラメータ a は時間軸方向に拡大縮小するためのものであり，パラメータ b は時間軸方向に平行移動するためのものである．マザーウェーブレットもドウターウェーブレットとなる．

ウェーブレット解析は，ドウターウェーブレットと観測信号との関係を調べることであり，観測信号を $f(x)$ とすると，

$$\overline{\psi_{(a,b)}(x)}f(x) = \overline{\psi(\frac{t-b}{a})}f(x) \tag{1.64}$$

または,

$$\overline{\psi_{(a,b)}(x)}f(x) = \overline{\frac{1}{\sqrt{a}}\psi(\frac{x-b}{a})}f(x) \tag{1.65}$$

により実現される．

例えば, 図 1.18 に示す観測信号 $f(x)$, ドウターウェーブレット $\psi(1x-0)$ を図 1.19 とすると, $\overline{\psi(1x-0)}f(x)$ は図 1.20 になる.

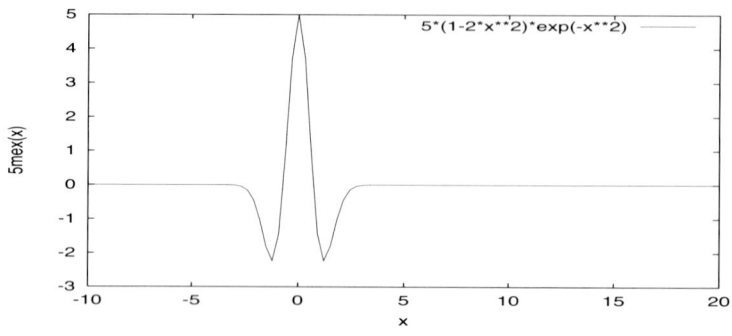

図 1.18 観測信号の例

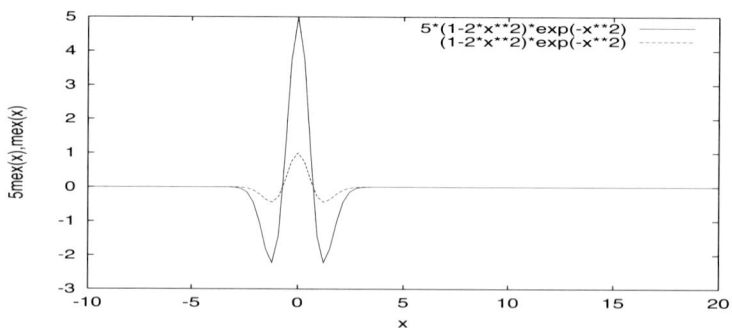

図 1.19 ドウターウェーブレット $\psi(1x-0)$

1.7 ウェーブレット解析とウェーブレット変換　　**25**

図 1.20　$\overline{\psi(1x-0)}f(x)$

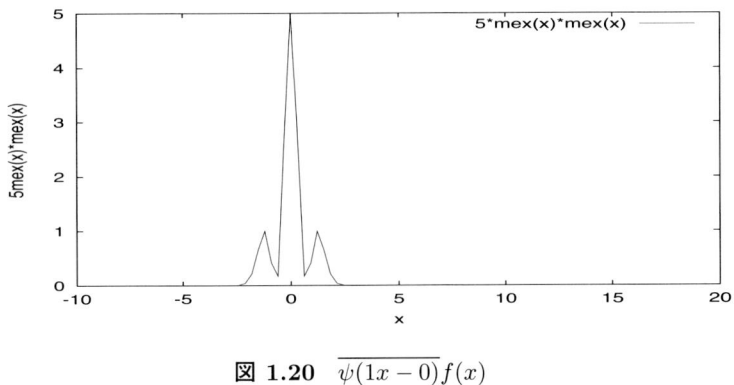

またドウターウェーブレット $\psi(1x-15)$ に図 1.21 を用いると，$\overline{\psi(1x-15)}f(x)$ は，図 1.22 になる．

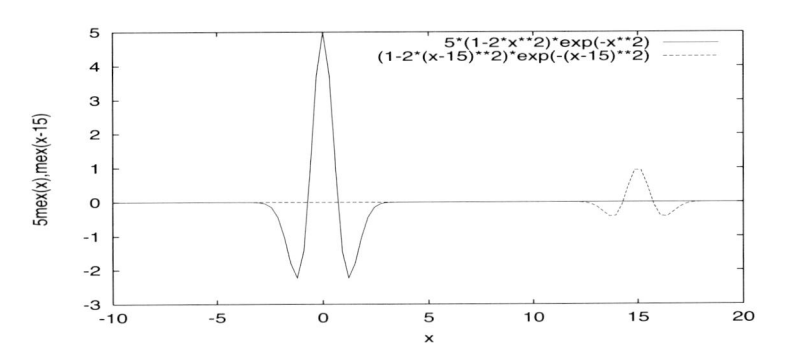

図 1.21　ドウターウェーブレット $\psi(1x-15)$

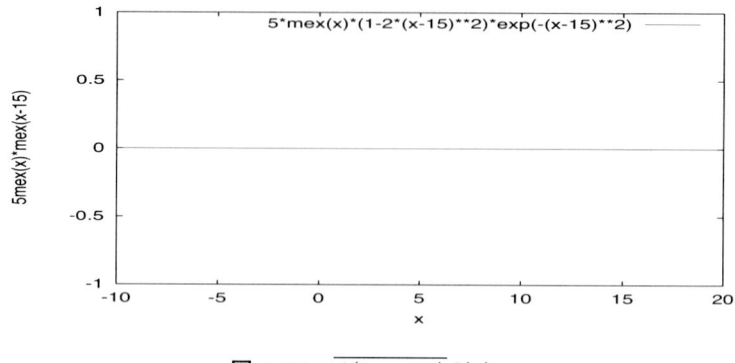

図 1.22 $\overline{\psi(1x-15)}f(x)$

さらに, 観測信号 $f(x)$ を図 1.23 とし, ドウターウェーブレットを図 1.24 の $\psi(1x-0)$, $\psi(1x-15)$ および $\psi(0.3(x-6))$ とすると, $\overline{\psi(1x-0)}f(x)$ は, 図 1.25 となり, $\overline{\psi(1x-15)}f(x)$ は, 図 1.26, $\overline{\psi(0.3(x-6))}f(x)$ は, 図 1.27 となる.

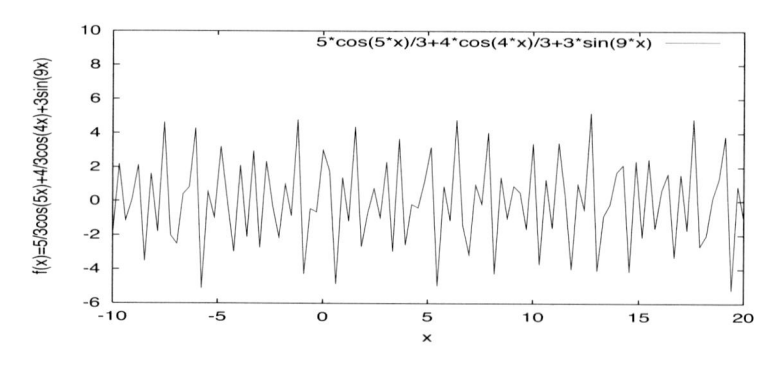

図 1.23 観測信号の例

1.7 ウェーブレット解析とウェーブレット変換

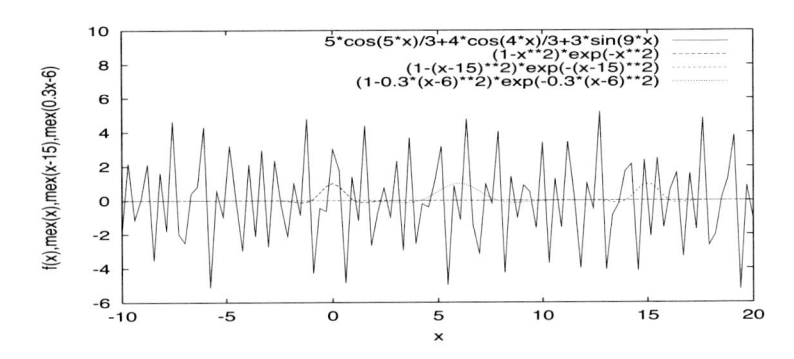

図 1.24 ドゥターウェーブレット $\psi(1x-0), \psi(1x-15)$ および $\psi(0.3(x-6))$

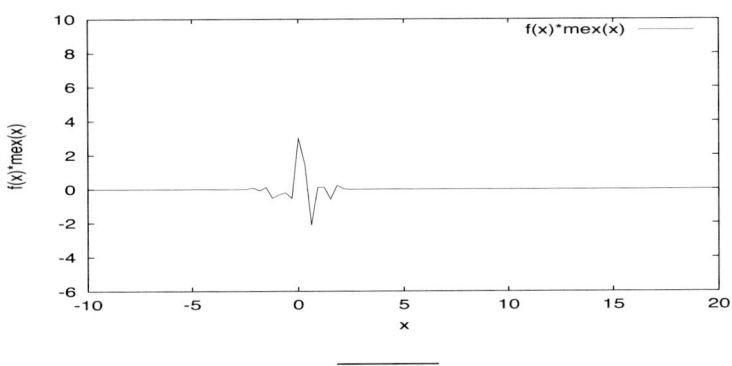

図 1.25 $\overline{\psi(1x-0)}f(x)$

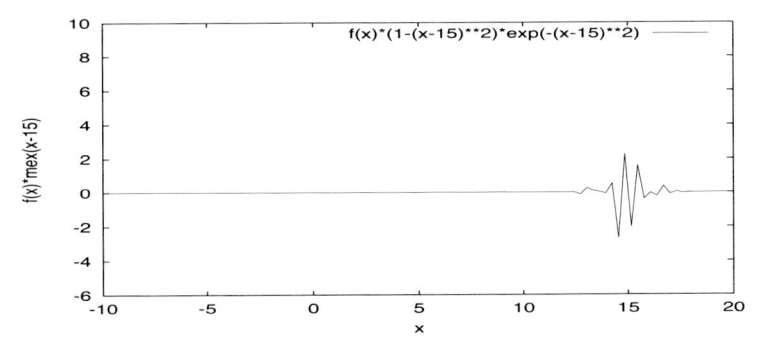

図 1.26 $\overline{\psi(1x-15)}f(x)$

図 1.27 $\overline{\psi(0.3(x-6))}f(x)$

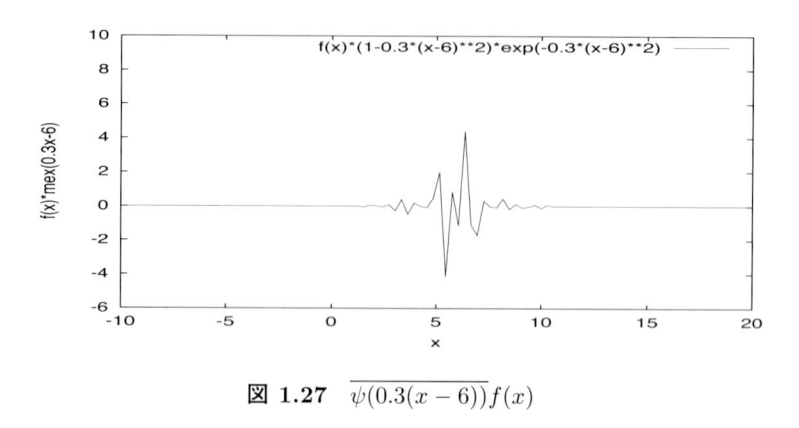

1.7.2 ウェーブレット変換

ウェーブレット変換は,

$$W(b,a) \stackrel{\text{def}}{=} \sqrt{\frac{1}{|a|}} \cdot \int_{-\infty}^{\infty} \overline{\psi\left(\frac{x-b}{a}\right)} \cdot f(x) dx \tag{1.66}$$

$$= \int_{-\infty}^{\infty} \sqrt{\frac{1}{|a|}} \overline{\psi\left(\frac{x-b}{a}\right)} \cdot f(x) dx \tag{1.67}$$

で表現される.

たとえば,観測信号 $f(x)$ を図 1.28 とし,マザーウェーブレット $\psi(x)$ を図 1.29 とすると,$W(0,1)$ は関数 $\overline{\psi(1x-0)}f(x)$ を区間 $(-\infty,\infty)$ で積分し,その積分値を $\frac{1}{\sqrt{1}}$ 倍すればよく (図 1.30),また,$W(15,1)$ は,関数 $\overline{\psi(1x-15)}f(x)$ を区間 $(-\infty,\infty)$ で積分し,その積分値を $\frac{1}{\sqrt{1}}$ 倍すればよい (図 1.31).

1.7 ウェーブレット解析とウェーブレット変換　29

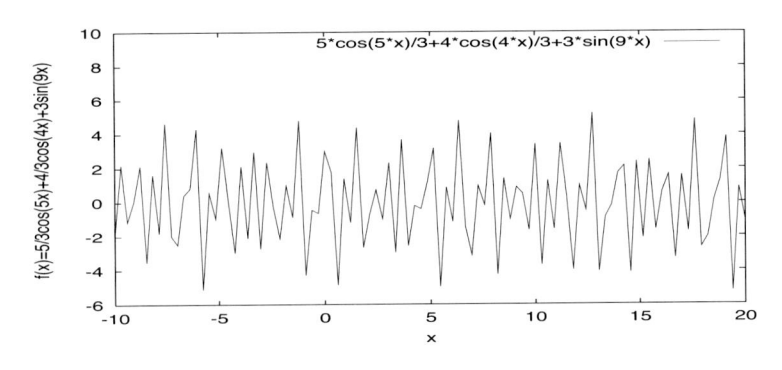

図 1.28　観測信号 $f(x)$ の例

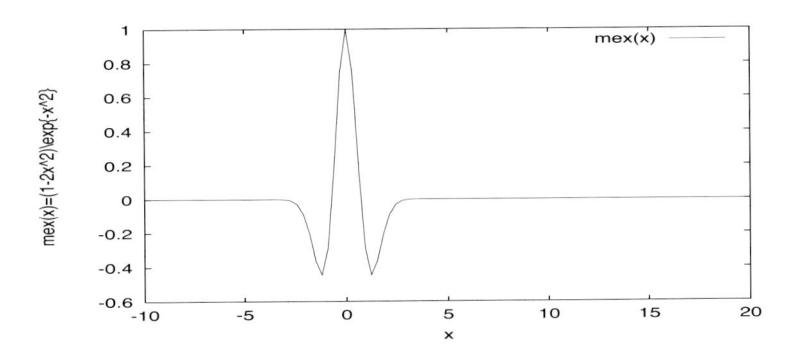

図 1.29　マザーウェーブレット $\psi(x)$

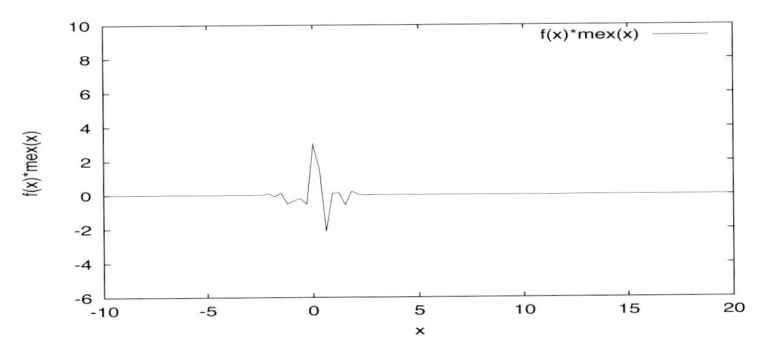

図 1.30　関数 $\overline{\psi(1x-0)}f(x)$

図 1.31 関数 $\overline{\psi(1x-15)}f(x)$

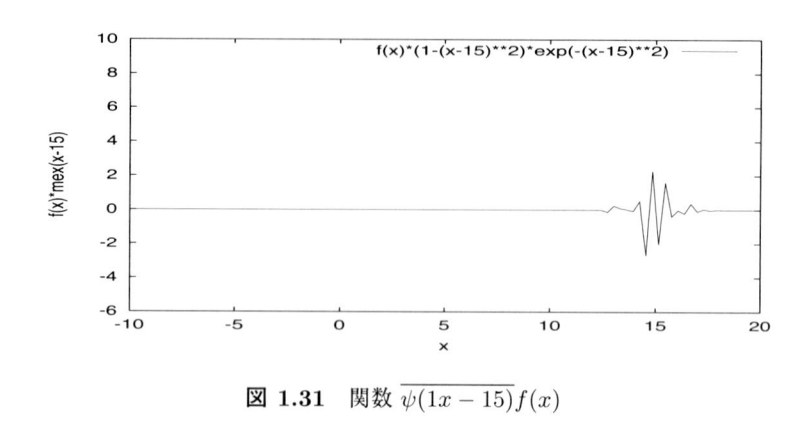

ウェーブレット変換は，区間 $(-\infty, \infty)$ で関数 $\overline{\psi\left(\frac{x-b}{a}\right)} \cdot f(x)$ を積分するが，関数 $\overline{\psi\left(\frac{x-b}{a}\right)} \cdot f(x)$ は，区間 $(-\infty, \infty)$ の大部分が零であるので，積分区間を $(-\infty, \infty)$ としなくてもよいことがわかる．

第2章

ウェーブレット変換

2.1 連続ウェーブレット変換と離散ウェーブレット変換

マザーウェーブレット ψ_A による任意の連続関数 f の連続ウェーブレット変換を式 (2.1) と定義する．

$$W(b,a) \stackrel{\text{def}}{=} \sqrt{\frac{1}{|a|}} \cdot \int_{-\infty}^{\infty} \overline{\psi_A\left(\frac{t-b}{a}\right)} \cdot f(t) dt \tag{2.1}$$

また，マザーウェーブレット ψ_D による任意の離散関数 f の離散ウェーブレット変換を式 (2.2) によって定義する．

$$D(k,j) = d_k^{(j)} \stackrel{\text{def}}{=} 2^j \cdot \int_{-\infty}^{\infty} \overline{\psi_D\left(2^j t - k\right)} \cdot f(t) dt \tag{2.2}$$

ここで，連続ウェーブレット変換と離散ウェーブレット変換において，$\frac{1}{a} \leftrightarrow 2^j$ および $\frac{b}{a} \leftrightarrow k$ という関係がある．ただし，パラメータ j および パラメータ k は整数である．

マザーウェーブレットは，

$$\int_{-\infty}^{\infty} \psi(t) dt = 0 \tag{2.3}$$

という条件がある．積分区間 $(-\infty, \infty)$ において，$\psi(t) > 0$ となる面積と $\psi(t) < 0$ となる面積が等しい．すなわち，マザーウェーブレットは振動的である．

2.2 マザーウェーブレットとスケーリング関数

2.2.1 two-scale 関係

まず,図 2.1 に示す,

$$\phi_H(x) \stackrel{\text{def}}{=} \begin{cases} 1 & (0 \leq x < 1) \\ 0 & otherwise \end{cases} \quad (2.4)$$

および図 2.2 に示す,

$$\psi_H(x) \stackrel{\text{def}}{=} \begin{cases} 1 & (0 \leq x < 1/2) \\ -1 & (1/2 \leq x < 1) \\ 0 & otherwise \end{cases} \quad (2.5)$$

を定義する.

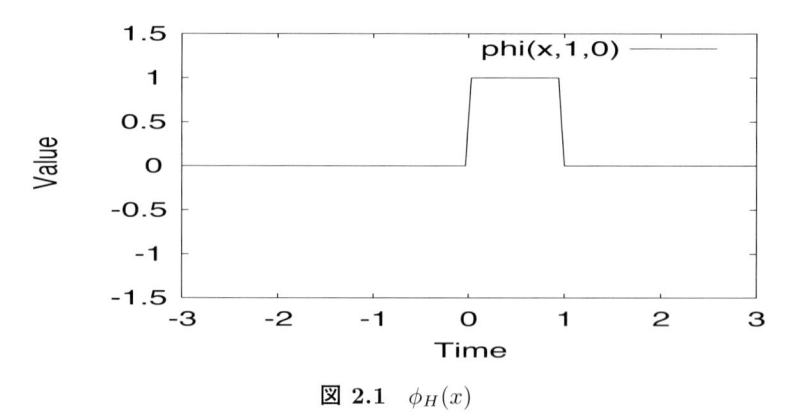

図 2.1 $\phi_H(x)$

2.2 マザーウェーブレットとスケーリング関数

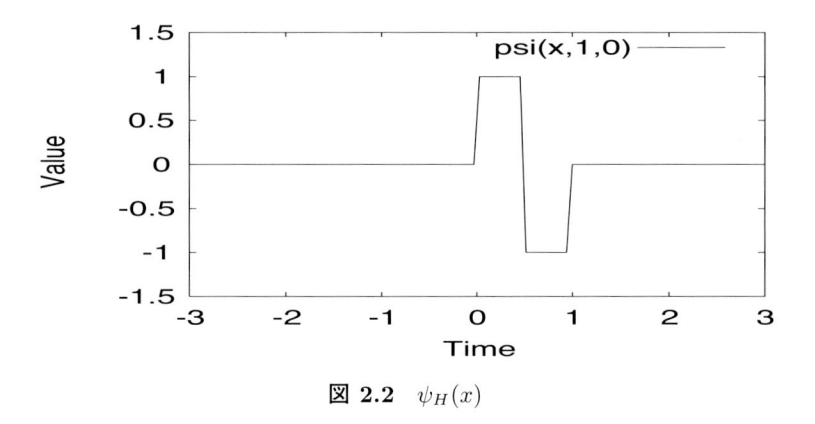

図 2.2 $\psi_H(x)$

マザーウェーブレット ψ_H による, 任意の離散関数 f の離散ウェーブレット変換は,

$$d_k^{(j)} \stackrel{\text{def}}{=} 2^j \cdot \int_{-\infty}^{\infty} \overline{\psi_H\left(2^j t - k\right)} \cdot f(t) dt \tag{2.6}$$

であり, パラメータ j およびパラメータ k を操作することにより, マザーウェーブレット ψ_H からドウターウェーブレットを生成することができる. ドウターウェーブレットの例を図 2.3 および 2.4 に示す. 図 2.3 は, 図 2.2 を 1 タイムスロットだけ + 方向にシフトしたものであり, また, 図 2.4 は, 図 2.2 を縮小した後に − 方向にシフトしたものである.

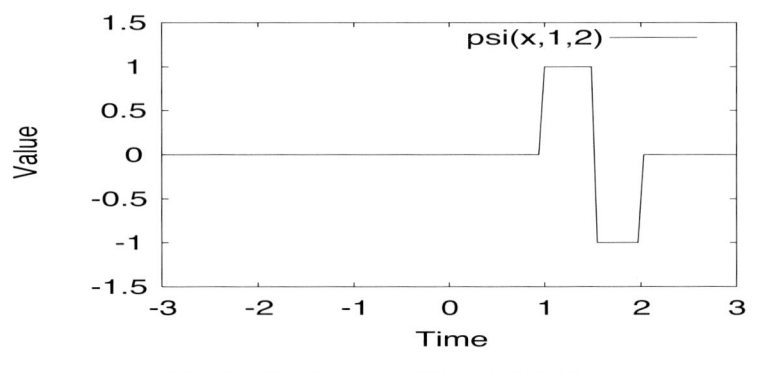

図 2.3 ドウターウェーブレットの例 (1)

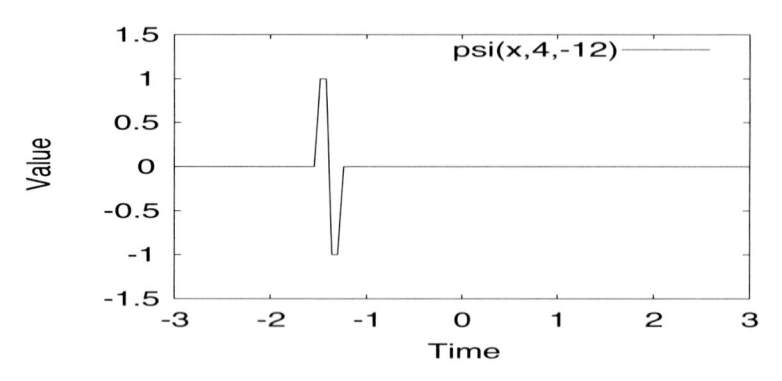

図 2.4 ドウターウェーブレットの例 (2)

ここで,

$$\phi_H(x) = \phi_H(2x) + \phi_H(2x-1) \tag{2.7}$$

$$\psi_H(x) = \phi_H(2x) - \phi_H(2x-1) \tag{2.8}$$

という関係がある. この関係より,

$$\phi_H(2x) = \frac{1}{2}\phi_H(x) + \frac{1}{2}\psi_H(x) \tag{2.9}$$

$$\phi_H(2x-1) = \frac{1}{2}\phi_H(x) - \frac{1}{2}\psi_H(x) \tag{2.10}$$

が導出される. これらの関係から, 図 2.1 は, 図 2.5 と図 2.6 の和で表されることがわかる.

2.2 マザーウェーブレットとスケーリング関数　35

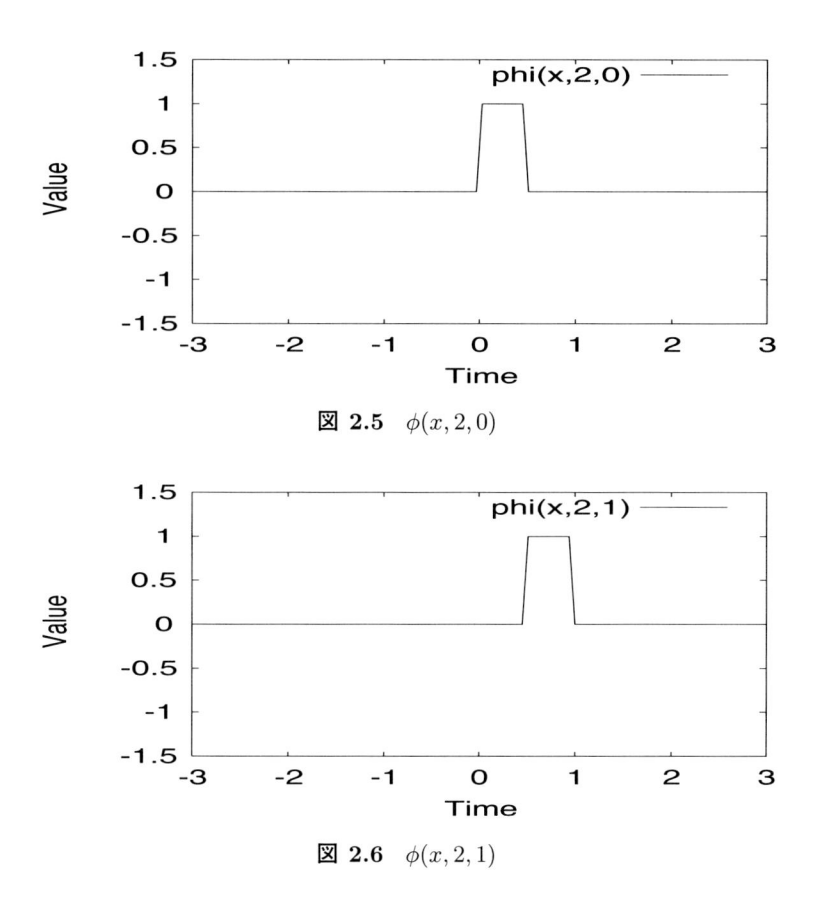

図 2.5　$\phi(x, 2, 0)$

図 2.6　$\phi(x, 2, 1)$

また, 図 2.2 は, 図 2.7 に対して符号を反転させた図 2.8 と図 2.9 の和として表現できることが判る.

第2章 ウェーブレット変換

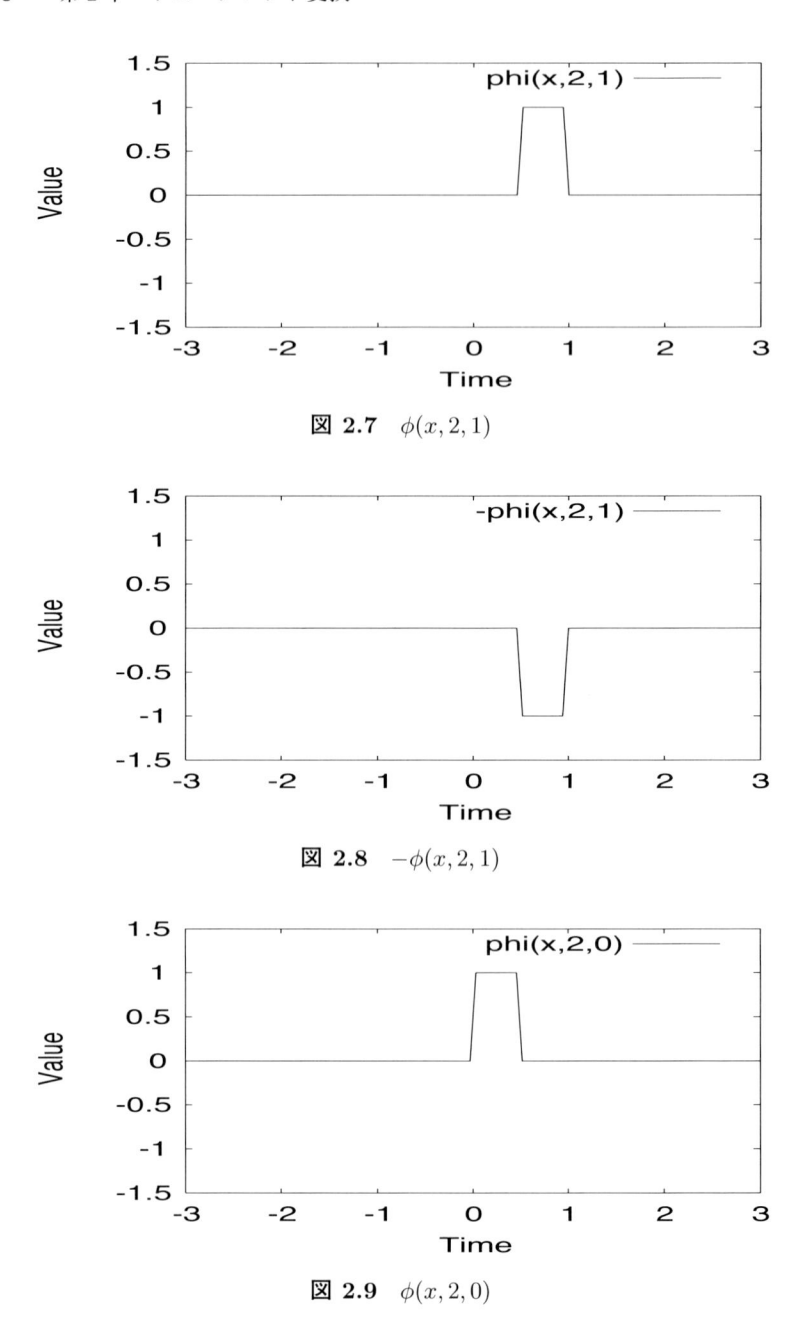

図 2.7 $\phi(x, 2, 1)$

図 2.8 $-\phi(x, 2, 1)$

図 2.9 $\phi(x, 2, 0)$

2.2 マザーウェーブレットとスケーリング関数

すなわち，$\psi_H(x)$ は $\phi_H(x)$ により構成することもできることがわかる．さらに，この関係は，

$$\phi_H(x) = ... + 0\phi_H(2x+2) + 0\phi_H(2x+1)$$
$$+ \phi_H(2x-0) + \phi_H(2x-1)$$
$$+ 0\phi_H(2x-2) + 0\phi_H(2x-3) + ... \quad (2.11)$$

$$\psi_H(x) = ... + 0\phi_H(2x+2) + 0\phi_H(2x+1)$$
$$+ \phi_H(2x-0) + (-1)\phi_H(2x-1)$$
$$+ 0\phi_H(2x-2) + 0\phi_H(2x-3) + ... \quad (2.12)$$

と表現でき，

$$\phi_H(x) = \sum_{k \in \mathbb{Z}} p_k \phi_H\Big(2x - k\Big) \quad (2.13)$$

$$\psi_H(x) = \sum_{k \in \mathbb{Z}} q_k \phi_H\Big(2x - k\Big) \quad (2.14)$$

と記述される．これから，$\phi_H(x)$ および $\psi_H(x)$ は，$\phi_H\Big(2x-k\Big)$ により表現されることがわかる．すなわち，$\phi_H(x)$ および $\psi_H(x)$ は，$\phi_H(x)$ を x 軸方向に 1/2 倍縮小し，さらに，x 軸方向にシフトさせたものの線形和によって構成されることがわかる．

一般には，

$$\phi(x) = \sum_{k \in \mathbb{Z}} p_k \phi\Big(2x - k\Big) \quad (2.15)$$

$$\psi(x) = \sum_{k \in \mathbb{Z}} q_k \phi\Big(2x - k\Big) \quad (2.16)$$

と記述される．逆に，式 (2.15) および 式 (2.16) の性質をもつように関数 ϕ および 関数 ψ を設定する．式 (2.15) および 式 (2.16) の性質を two-scale 関係という．

関数 ϕ はスケーリング関数と呼ばれ，関数 ψ はマザーウェーブレット関数と呼ばれる．特に，関数 ϕ_H は Haar のスケーリング関数と呼ばれ，関数

第2章 ウェーブレット変換

ψ_H は Haar のマザーウェーブレット関数と呼ばれる.

2.2.2 関数 ϕ_H と関数 ψ_H

関数 ϕ_H と関数 ψ_H とは,

$$\int_{-\infty}^{\infty} \overline{\phi_H(t-m)} \cdot \phi_H(t-n) dt = 0 \qquad (m \neq n) \tag{2.17}$$

$$\int_{-\infty}^{\infty} \overline{\psi_H(t-m)} \cdot \psi_H(t-n) dt = 0 \qquad (m \neq n) \tag{2.18}$$

$$\int_{-\infty}^{\infty} \overline{\psi_H(t-m)} \cdot \phi_H(t-n) dt = 0 \qquad (m \neq n \quad and \quad m = n) \tag{2.19}$$

$$\int_{-\infty}^{\infty} \overline{\phi_H(t-m)} \cdot \psi_H(t-n) dt = 0 \qquad (m \neq n \quad and \quad m = n) \tag{2.20}$$

という性質があることから, 関数 ϕ_H は直交関数であり, 関数 ψ_H は直交関数であって, 関数 ϕ_H と関数 ψ_H とは直交関係である.

2.3 近似関数

観測信号 $f(t)$ は, スケーリング関数およびマザーウェーブレットにより表される. 観測信号の一例を,

$$f(x) = 10x^2(1-x) \qquad (0 \leq x \leq 1) \tag{2.21}$$

とする. 観測信号は, $\phi_H(2^1 x - 0)$ および $\phi_H(2^1 x - 1)$ により,

$$f_1(x) = 0.46875\phi_H(2x-0) + 1.40625\phi_H(2x-1) \tag{2.22}$$

となり, 図 2.10 と近似できる.

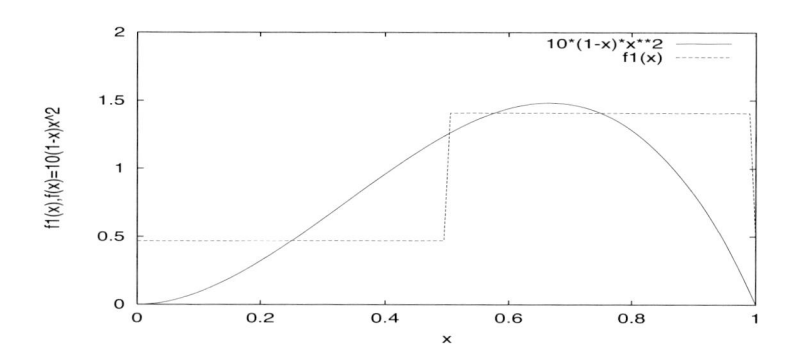

図 2.10 観測信号のスケーリング関数とマザーウェーブレットによる第 1 次近似

また, $\phi_H(2^2 x - 0)$, $\phi_H(2^2 x - 1)$, $\phi_H(2^2 x - 2)$ および $\phi_H(2^2 x - 3)$ により,

$$f_2(x) = 0.1367\phi_H(4x - 0) + 0.8789\phi_H(4x - 1)$$
$$+ 1.4648\phi_H(4x - 2) + 0.9570\phi_H(4x - 3) \quad (2.23)$$

と近似できる.

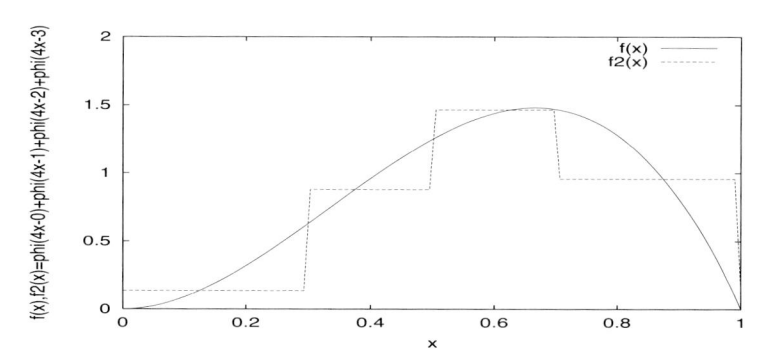

図 2.11 観測信号のスケーリング関数とマザーウェーブレットによる第 2 次近似

すなわち, 観測信号 $f(x)$ は 近似関数 $f_j(x)$ により,

$$f_j(x) = \sum_{k \in \mathbb{Z}} c_k^{(j)} \phi_H\left(2^j x - k\right) \quad (2.24)$$

と表される. たとえば, $\cdots c_{-2}^{(1)} = 0$, $c_{-1}^{(1)} = 0$, $c_0^{(1)} = 0.46875$, $c_1^{(1)} = 1.40625$,

$c_2^{(1)} = 0$, $c_3^{(1)} = 0$, …および…$c_{-1}^{(2)} = 0$, $c_0^{(2)} = 0.1367$, $c_1^{(2)} = 0.8789$, $c_2^{(2)} = 1.4648$, $c_3^{(2)} = 0.9570$, $c_4^{(2)} = 0$, …である.

ところで,
$$g_j(x) = f_{j+1}(x) - f_j(x) \tag{2.25}$$

を導入すると,
$$g_j(x) = \sum_{k \in \mathbb{Z}} d_k^{(j)} \psi_H\left(2^j x - k\right) \tag{2.26}$$

と表すことができるように係数 $c_k^{(j)}$ および係数 $d_k^{(j)}$ を決定しなければならない.

近似関数 $f_j(x)$ は, レベル j が下がるにしたがい粗い近似となる. 関数 $g_j(x)$ は近似レベルを $j+1$ から j に下げたために失われたものを表している. 近似関数 $f_j(x)$ をスケーリング関数を用いて表し, 関数 $g_j(x)$ をマザーウェーブレット関数を用いて表す. たとえば,

$$g_1(x) = f_2(x) - f_1(x)$$
$$= [0.1367\phi_H(4x-0) + 0.8789\phi_H(4x-1) + 1.4648\phi_H(4x-2)$$
$$+ 0.9570\phi_H(4x-3)]$$
$$- [0.46875\phi_H(2x-0) + 1.40625\phi_H(2x-1)]$$
$$\neq \sum_{k \in \mathbb{Z}} d_k^{(1)} \psi_H[2^1 x - k] \tag{2.27}$$

であり, 図 2.12 となる.

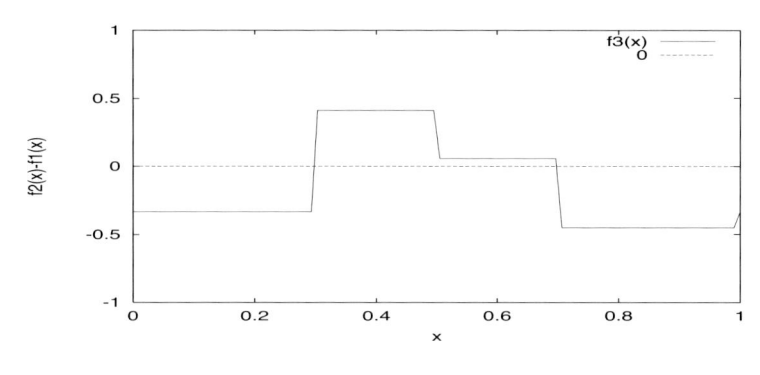

図 2.12 $g_j(x) = f_{j+1}(x) - f_j(x)$

$g_1(x)$ を ψ_H の線形和で表すことはできないことがわかる．区間 $[0.5, 1.0]$ において，$g_1(x) > 0$ の面積と $g_1(x) < 0$ の面積は少なくとも等しくないからである．一方，

$$\psi_H(t) \stackrel{\text{def}}{=} \begin{cases} 1 & (0 \leq t < 1/2) \\ -1 & (1/2 \leq t < 1) \\ 0 & otherwise \end{cases} \tag{2.28}$$

という特徴がある．

係数，$\cdots c_{-2}^{(1)} = 0$, $c_{-1}^{(1)} = 0$, $c_0^{(1)} = 0.46875$, $c_1^{(1)} = 1.40625$, $c_2^{(1)} = 0$, $c_3^{(1)} = 0$, $\cdots$ および係数，$\cdots c_{-1}^{(2)} = 0$, $c_0^{(2)} = 0.1367$, $c_1^{(2)} = 0.8789$, $c_2^{(2)} = 1.4648$, $c_3^{(2)} = 0.9570$, $c_4^{(2)} = 0$, $\cdots$ の組は，

$$g_1(x) = f_2(x) - f_1(x) \tag{2.29}$$

$$= \sum_{k \in \mathbb{Z}} d_k^{(1)} \psi_H\left(2^1 x - k\right) \tag{2.30}$$

の条件を満たさないことがわかる．

一般に，信号はスケーリング関数およびマザーウェーブレットにより表される．

$$f_j(x) = \sum_{k \in \mathbb{Z}} c_k^{(j)} \phi\left(2^j x - k\right) \tag{2.31}$$

$$g_j(x) = f_{j+1}(x) - f_j(x) \tag{2.32}$$

$$= \sum_{k \in \mathbb{Z}} d_k^{(j)} \psi\left(2^j x - k\right) \tag{2.33}$$

の条件を満たすように係数 $c_k^{(j)}$ および係数 $d_k^{(j)}$ を決定しなければならない．近似関数 $f_j(x)$ は，レベル j が下がるにしたがい粗い近似となる．関数 $g_j(x)$ は，近似レベルを $j+1$ から j に下げたために失われたものを表している．近似関数 $f_j(x)$ をスケーリング関数を用いて表し，関数 $g_j(x)$ をマザーウェーブレット関数を用いて表す．たとえば，

- 関数 ϕ は Haar のスケーリング関数を用いる
- 関数 ψ は Haar のマザーウェーブレット関数を用いる
- 区間 $[\frac{k}{2^j}, \frac{k+1}{2^j}]$ で関数 f が単調関数であるとする

場合における係数 $c_k^{(j)}$ の決定法として，

$$c_k^{(j)} \cdot \frac{1}{2^j} = \int_{\frac{k}{2^j}}^{\frac{k+1}{2^j}} f(x) dx \tag{2.34}$$

の条件を満たすように係数 $c_k^{(j)}$ を求める方法がある．区間 $[\frac{k}{2^j}, \frac{k+1}{2^j}]$ での関数 f の面積が高さ $c_k^{(j)}$，底辺 $\frac{1}{2^j}$ の面積と等しいという条件である．

前出の観測信号，$f(x) = 10x^2(1-x)\ (0 \leq x \leq 1)$ を例に近似度を示す．観測信号に対して，$\phi_H(2^1 x - 0)$ および $\phi_H(2^1 x - 1)$ により，$f_1(x)$ は，図 2.13 と近似できる．

2.3 近似関数

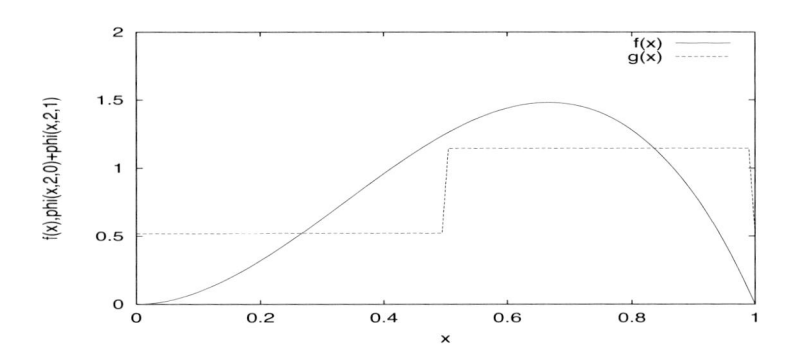

[図: f(x)と g(x)のグラフ, 縦軸 f(x),phi(x,2,0)+phi(x,2,1)]

図 2.13 観測信号のスケーリング関数とマザーウェーブレットによる第 1 次近似

また, $\phi_H(2^2x-0)$, $\phi_H(2^2x-1)$, $\phi_H(2^2x-2)$ および $\phi_H(2^2x-3)$ により, $f_2(x)$ は, 図 2.14 と近似できる. 以下同様に近似でき, 近似次数を上げる程, 近似精度が良くなる.

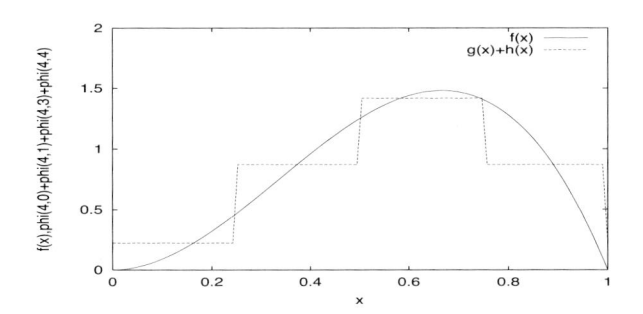

[図: f(x)と g(x)+h(x)のグラフ, 縦軸 f(x),phi(4,0)+phi(4,1)+phi(4,3)+phi(4,4)]

図 2.14 観測信号のスケーリング関数とマザーウェーブレットによる第 2 次近似

さらに, $\phi_H(2^3x-0)$, $\phi_H(2^3x-1)$, $\phi_H(2^3x-2)$, $\phi_H(2^3x-3)$, $\phi_H(2^3x-4)$, $\phi_H(2^3x-5)$, $\phi_H(2^3x-6)$ および $\phi_H(2^3x-7)$ により, $f_3(x)$ は, 図 2.15 と近似できる.

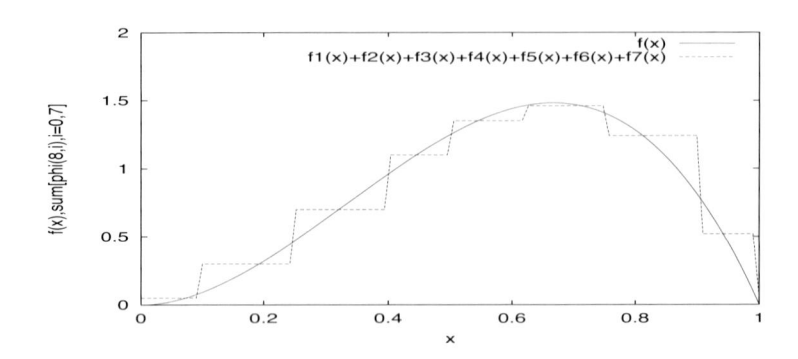

図 2.15 観測信号のスケーリング関数とマザーウェーブレットによる第 3 次近似

すなわち，観測信号 $f(x)$ は近似関数 $f_j(x)$ により，

$$f_j(x) = \sum_{k \in \mathbb{Z}} c_k^{(j)} \phi_H\left(2^j x - k\right) \tag{2.35}$$

と表される．ところで，

$$g_j(x) = f_{j+1}(x) - f_j(x) \tag{2.36}$$

を導入すると，

$$g_j(x) = \sum_{k \in \mathbb{Z}} d_k^{(j)} \psi_H\left(2^j x - k\right) \tag{2.37}$$

と表すことができるように，係数 $c_k^{(j)}$ および係数 $d_k^{(j)}$ を決定しなければならない．たとえば，

$$g_1(x) = f_2(x) - f_1(x) \tag{2.38}$$

$$g_2(x) = f_3(x) - f_2(x) \tag{2.39}$$

であり，$g_1(x)$ は，図 2.16 となり，$g_2(x)$ は，図 2.17 となる．

図 2.16 $g_1(x) = f_2(x) - f_1(x)$

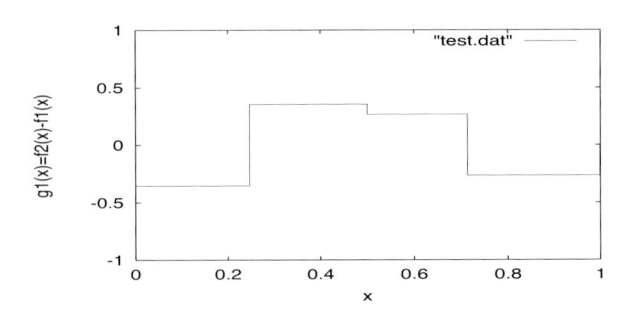

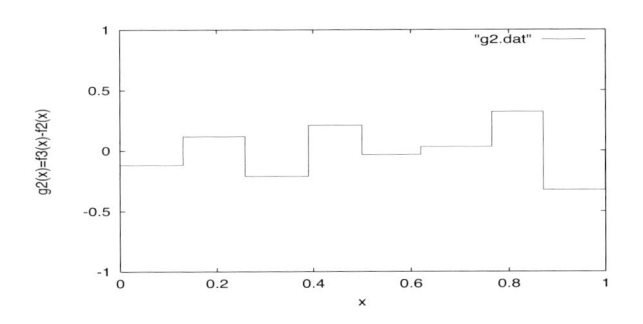

図 2.17 $g_2(x) = f_3(x) - f_2(x)$

$g_1(x)$ および $g_2(x)$ は,結局, ψ_H の線形和で表されることがわかる.
式 (2.40) は,式 (2.41) とも記述できる.

$$g_j(x) = f_{j+1}(x) - f_j(x) \tag{2.40}$$

$$g_j(x) + f_j(x) = f_{j+1}(x) \tag{2.41}$$

すなわち,

$$\sum_{k \in \mathbb{Z}} d_k^{(j)} \psi_H\left(2^j x - k\right) + \sum_{k \in \mathbb{Z}} c_k^{(j)} \phi_H\left(2^j x - k\right)$$
$$= \sum_{k \in \mathbb{Z}} c_k^{(j+1)} \phi_H\left(2^{j+1} x - k\right) \tag{2.42}$$

である.ところで,関数 ϕ_H および関数 ψ_H は既知関数である.したがって,

係数 $c_k^{(j)}$ および係数 $d_k^{(j)}$ および係数 $c_k^{(j+1)}$ を保存しておけばよい．しかしながら，式 (2.42) より，係数 $c_k^{(j)}$ を再帰的に求めることができることがわかる．

2.4 関数空間の階層構造

前節では，式 (2.42) の性質があることを証明した．

$$g_j(x) = f_{j+1}(x) - f_j(x) \tag{2.43}$$

この性質が一意性をもつための条件を検討する．もしも，この性質が一意性をもてば，一意に係数 $c_k^{(j)}$ を再帰的に求めることができる．

関数 $\phi(2^j x - k)$ により張られる空間を，

$$V_j = Span\{\phi(2^j x - k) | k \in \mathbb{Z}\} \tag{2.44}$$

とし，関数 $\psi(2^j x - k)$ により張られる空間を，

$$W_j = Span\{\psi(2^j x - k) | k \in \mathbb{Z}\} \tag{2.45}$$

とすると，

$$\sum_{k \in \mathbb{Z}} a_k^{(j)} \phi\left(2^j x - k\right) \in V_j \tag{2.46}$$

$$\sum_{k \in \mathbb{Z}} a_k^{(j+1)} \phi\left(2^{j+1} x - k\right) \in V_{j+1} \tag{2.47}$$

$$\sum_{k \in \mathbb{Z}} b_k^{(j)} \psi\left(2^j x - k\right) \in W_j \tag{2.48}$$

となる．この $\mathbb{Z}$ は全空間を表し，$Span()$ はその部分空間を表す．ただし，

$$V_j \cap W_j = \phi(空集合) \tag{2.49}$$

という条件が必要である．したがって，

$$f_j \in V_j \tag{2.50}$$

$$f_{j+1} \in V_{j+1} \tag{2.51}$$

$$g_j = f_{j+1} - f_j \in W_j \tag{2.52}$$

となるように設定することもできる．一方，

$$\phi(x) = \sum_{k \in \mathbb{Z}} p_k \phi\big(2x - k\big) \tag{2.53}$$

より，$x \to 2^j t$ と置換すると，

$$\phi(2^j t) = \sum_{k \in \mathbb{Z}} p_k \phi\big(2^{j+1} t - k\big) \tag{2.54}$$

が成り立つことにより，

$$\cdots \subset V_{j-1} \subset V_j \subset V_{j+1} \subset \cdots \tag{2.55}$$

が導出される．さらに，

$$V_j \cap W_j = \phi(空集合) \tag{2.56}$$

および

$$\cdots \subset V_{j-1} \subset V_j \subset V_{j+1} \subset \cdots \tag{2.57}$$

より，

$$W_j = V_{j+1} - V_j \tag{2.58}$$

が導出され，空間 W_j は空間 V_j の補空間であることがわかる．なお，

$$V_j \perp W_j \tag{2.59}$$

という性質が加われば，空間 W_j は空間 V_j の直交補空間である．

もしも，空間 W_j が空間 V_j の直交補空間であれば，

$$V_{j+1} = V_j \bigoplus W_j \tag{2.60}$$

となる．

2.5　直交補空間定理

2.5.1　直交補空間

H をヒルベルト空間とし，$M \subset H$ で表すものとする．また，$M^\perp$ は M の直交補空間とする．$\forall \xi \in H$ は，

$$\xi = \eta + \zeta \qquad (\eta \in M, \quad \zeta \in M^\perp) \tag{2.61}$$

と表され, 唯一である. ただし,

$$H = M \bigoplus M^\perp \tag{2.62}$$

である.

2.5.2 関数 $g_j(x)$ と関数 $f_j(x)$

もしも空間 W_j が空間 V_j の直交補空間であれば,

$$V_{j+1} = V_j \bigoplus W_j \tag{2.63}$$

となり, 直交補空間定理を用いると関数 $f_{j+1}(x)$ は,

$$f_{j+1}(x) = g_j(x) + f_j(x) \tag{2.64}$$

のように"一意に"分解される. 逆に, もしも空間 W_j が空間 V_j の直交補空間であれば, 関数 $g_j(x)$ および関数 $f_j(x)$ により,

$$f_{j+1}(x) = g_j(x) + f_j(x) \tag{2.65}$$

のように関数 $f_{j+1}(x)$ は"一意に"構成される.

2.6 連続ウェーブレット変換と離散ウェーブレット変換

マザーウェーブレット ψ_A による, 任意の関数 f の連続ウェーブレット変換は,

$$W(b, a) \stackrel{\text{def}}{=} \sqrt{\frac{1}{|a|}} \cdot \int_{-\infty}^{\infty} \overline{\psi_A\left(\frac{t-b}{a}\right)} \cdot f(t) dt \tag{2.66}$$

であり, マザーウェーブレット ψ_D による, 任意の関数 f の離散ウェーブレット変換は,

$$D(k, j) \stackrel{\text{def}}{=} 2^j \cdot \int_{-\infty}^{\infty} \overline{\psi_D\left(2^j t - k\right)} \cdot f(t) dt \tag{2.67}$$

2.6 連続ウェーブレット変換と離散ウェーブレット変換

で定義する．なお，連続ウェーブレット変換と離散ウェーブレット変換において，$\frac{1}{a} \leftrightarrow 2^j$ および $\frac{b}{a} \leftrightarrow k$ という関係がある．ただし，パラメータ j およびパラメータ k は整数である．また，連続ウェーブレット逆変換は，ウェーブレット変換 $W(b,a)$ から，

$$f(x) = \frac{1}{C_\psi} \int_{-\infty}^{\infty} \int_{-\infty}^{\infty} W(b,a) \sqrt{\frac{1}{|a|}} \psi_A \left(\frac{x-b}{a}\right) \frac{1}{a^2} da db \tag{2.68}$$

を用いて，元の信号 $f(x)$ に復元可能である．なお，

$$C_{\psi_A} = \int_{-\infty}^{\infty} \frac{|\widehat{\psi_A(\omega)}|^2}{|\omega|} d\omega \tag{2.69}$$

であり，$\widehat{\psi_A(\omega)}$ は，$\psi_A(x)$ のフーリエ変換である．$C_{\psi_A} < \infty$ という条件は，アドミッシブル条件と呼ばれる．アドミッシブル条件が成り立つとき，ウェーブレット逆変換が可能である．アドミッシブル条件の代りに，

$$\int_{-\infty}^{\infty} \psi(t) dt = 0 \tag{2.70}$$

という条件を用いることが多い．これは，積分区間 $(-\infty, \infty)$ において，$\psi(t) > 0$ となる面積と $\psi(t) < 0$ となる面積が等しい，すなわち，マザーウェーブレットが振動的であることを示している．連続ウェーブレット変換の場合，マザーウェーブレットはアドミッシブル条件を満たさなければならない．

一方，離散ウェーブレット逆変換は，ウェーブレット変換 $D(k,j)$ から，

$$f(x) \approx \sum_j \left[\sum_{k \in \mathbb{Z}} D(k,j) \psi_D \left(2^j x - k\right) \right] \tag{2.71}$$

を用いて，元の (連続) 信号 $f(x)$ に復元されるが，等号ではない．なぜならば，元信号と復元信号とが連続・離散の関係にあるからである．離散ウェーブレット変換の場合，マザーウェーブレットは基底関数でなければならない．

2.7 関数 $g_j(x)$ および関数 $f_j(x)$

もしも空間 W_j が空間 V_j の直交補空間であれば，

$$V_{j+1} = V_j \bigoplus W_j \tag{2.72}$$

となり，直交補空間定理を用いると関数 $f_{j+1}(x)$ は，

$$f_{j+1}(x) = g_j(x) + f_j(x) \tag{2.73}$$

のように " 一意に " 分解される．逆に，もしも空間 W_j が空間 V_j の直交補空間であれば，関数 $g_j(x)$ および関数 $f_j(x)$ により，

$$f_{j+1}(x) = g_j(x) + f_j(x) \tag{2.74}$$

のように関数 $f_{j+1}(x)$ は " 一意に " 構成される．これにより，次の多重解像度解析が導かれる．

2.8 多重解像度

ところで，

$$V_{j+1} = V_j \bigoplus W_j \tag{2.75}$$

が成り立つとき，

$$f_{j+1}(x) = g_j(x) + f_j(x) \tag{2.76}$$

を再帰的に用いると，

$$\begin{align}
f_{j+1}(x) &= g_j(x) + f_j(x) \tag{2.77} \\
&= g_j(x) + (g_{j-1}(x) + f_{j-1}(x)) \tag{2.78} \\
&= g_j(x) + (g_{j-1}(x) + (g_{j-2}(x) + f_{j-2}(x))) \tag{2.79} \\
&= f_{j-2}(x) + \sum_{s=j-2}^{j} g_s(x) \tag{2.80} \\
&= g_j(x) + g_{j-1}(x) + g_{j-2}(x) + g_{j-3}(x) + f_{j-3}(x) \tag{2.81} \\
&= g_j(x) + g_{j-1}(x) + g_{j-2}(x) + g_{j-3}(x) + g_{j-4}(x) + \cdots \tag{2.82}
\end{align}$$

$$\approx \sum_{s \leq j} g_s(x) \tag{2.83}$$

となる.

$$f_{j+1}(x) \approx \sum_{s \leq j} g_s(x) \tag{2.84}$$

が等号でない理由は, $f_{j-l}(x) = 0$ であるとは限らないからである. さらに,

$$g_s(x) = \sum_{k \in \mathbb{Z}} d_k^{(s)} \psi\left(2^s x - k\right) \tag{2.85}$$

という性質があるので,

$$f_{j+1}(x) \approx \sum_{s \leq j} \Big[\sum_{k \in \mathbb{Z}} d_k^{(s)} \psi\left(2^s x - k\right) \Big] \tag{2.86}$$

となる. したがって,

$$f_j(x) \approx \sum_{s \leq j-1} \Big[\sum_{k \in \mathbb{Z}} d_k^{(s)} \psi\left(2^s x - k\right) \Big] \tag{2.87}$$

となり, レベル j の近似関数 $f_j(x)$ はマザーウェーブレット関数 ψ により記述することもできることがわかる. これは, 離散ウェーブレット逆変換の式,

$$f(x) \approx \sum_{j} \Big[\sum_{k \in \mathbb{Z}} D(k,j) \psi\left(2^j x - k\right) \Big] \tag{2.88}$$

と対応することがわかる. ただし, 式 (2.87) および式 (2.88) の等号でない理由は異なる.

2.9 分解アルゴリズム

もしも, 空間 W_j が空間 V_j の直交補空間であれば,

$$V_{j+1} = V_j \bigoplus W_j \tag{2.89}$$

となり, 直交補空間定理を用いると, 関数 $f_{j+1}(x)$ は,

$$f_{j+1}(x) = g_j(x) + f_j(x) \tag{2.90}$$

のように"一意に"分解される．すなわち，図 2.18 は図 2.19 のように"一意に"分解される．

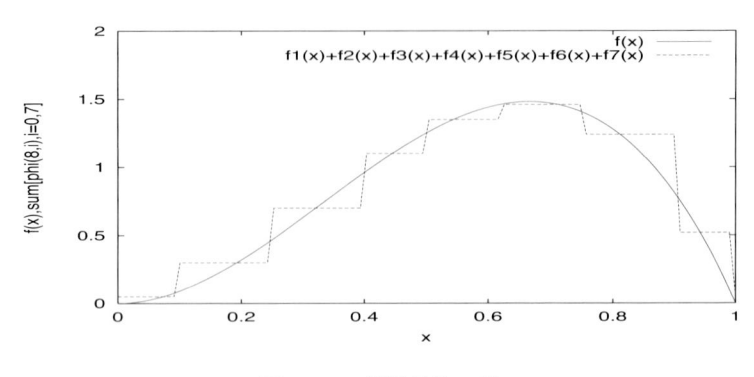

図 2.18 観測信号の例

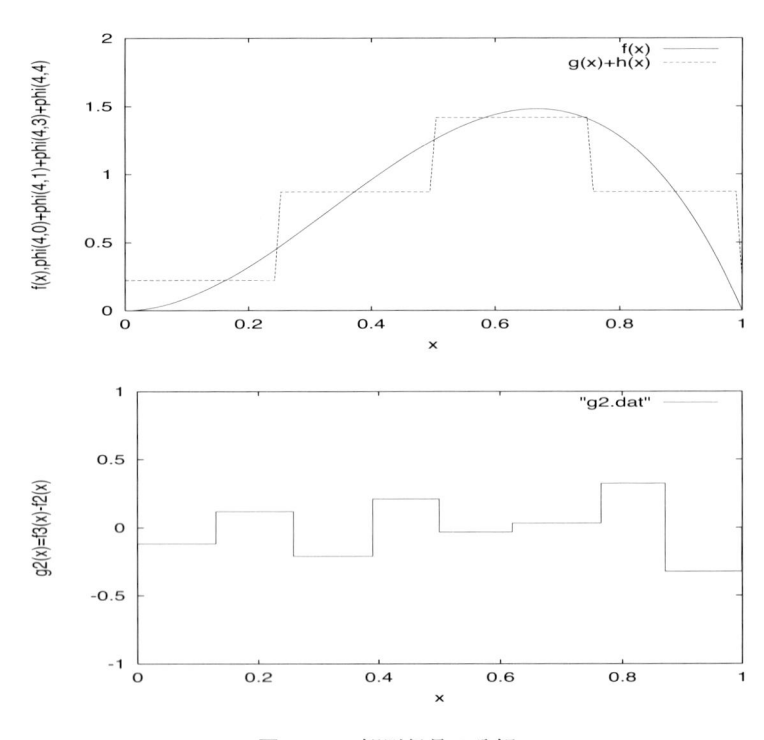

図 2.19 観測信号の分解

逆に，もしも，空間 W_j が空間 V_j の直交補空間であれば，関数 $g_j(x)$ および関数 $f_j(x)$ により，

$$f_{j+1}(x) = g_j(x) + f_j(x) \tag{2.91}$$

のように関数 $f_{j+1}(x)$ は"一意に"構成される．すなわち，図 2.20 の 2 つの信号を足し合わせることにより，図 2.21 のように"一意に"構成される．

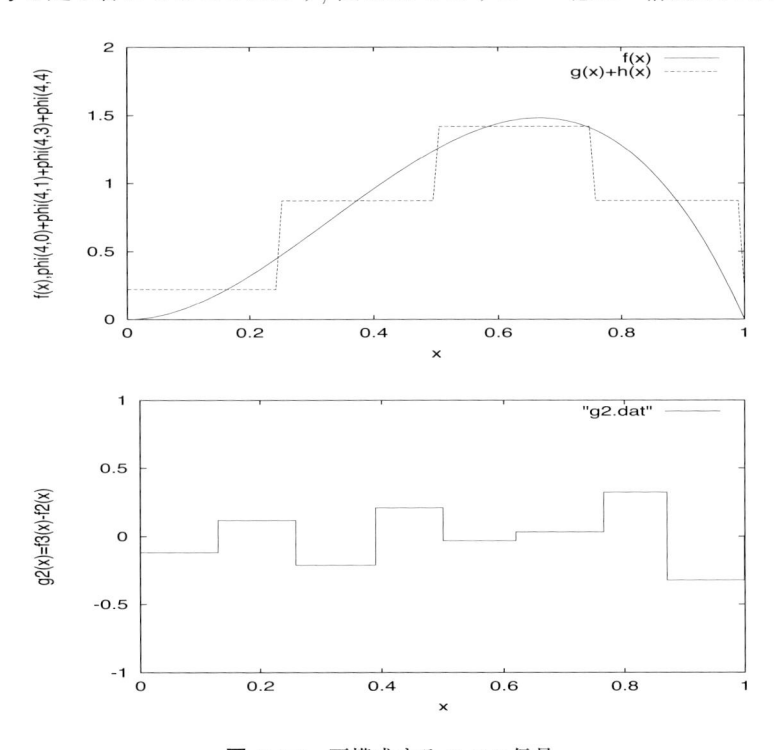

図 2.20　再構成する 2 つの信号

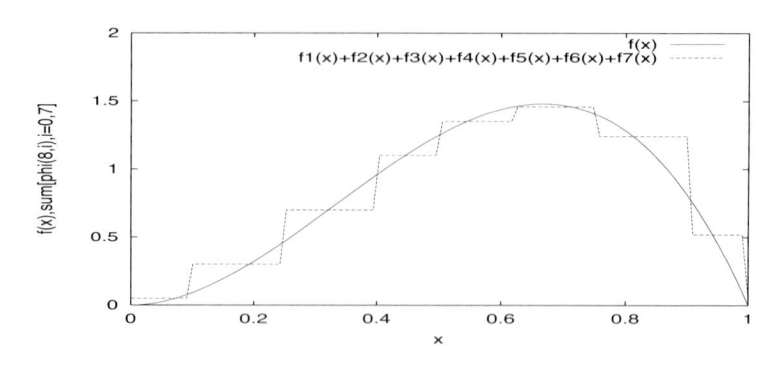

図 2.21 観測信号の再構成

ところで,
$$V_{j+1} = V_j \bigoplus W_j \tag{2.92}$$
が成り立つとき,
$$\phi(2x - l) = \frac{1}{2} \sum_{k \in \mathbb{Z}} \left[a_{2k-l} \phi(x - k) + b_{2k-l} \psi(x - k) \right] \tag{2.93}$$
において, $x \to 2^{j-1} x$ と置き換えて,
$$\phi(2(2^{j-1} x) - l) = \frac{1}{2} \sum_{k \in \mathbb{Z}} \left[a_{2k-l} \phi(2^{j-1} x - k) + b_{2k-l} \psi(2^{j-1} x - k) \right] \tag{2.94}$$
となり, さらに,
$$f_j(x) = \sum_{l \in \mathbb{Z}} c_l^{(j)} \phi(2^j x - l) \tag{2.95}$$
に代入すれば,
$$f_j(x) = \sum_l c_l^{(j)} \frac{1}{2} \sum_k \left[a_{2k-l} \phi(2^{j-1} x - k) + b_{2k-l} \psi(2^{j-1} x - k) \right] \tag{2.96}$$
となる. 一方,
$$f_j(x) = f_{j-1}(x) + g_{j-1}(x) \tag{2.97}$$
によれば,

$$f_j(x) = \sum_k \left[c_k^{(j-1)} \phi(2^{j-1}x - k) + d_k^{(j-1)} \psi(2^{j-1}x - k) \right] \quad (2.98)$$

となる．したがって，分解アルゴリズムは，

$$c_k^{(j-1)} = \frac{1}{2} \sum_l a_{2k-l} c_l^{(j)} \quad (2.99)$$

$$d_k^{(j-1)} = \frac{1}{2} \sum_l b_{2k-l} c_l^{(j)} \quad (2.100)$$

となる．

2.10 再構成アルゴリズム

ところで，

$$V_{j+1} = V_j \bigoplus W_j \quad (2.101)$$

が成り立つとき，

$$f_j(x) = f_{j-1}(x) + g_{j-1}(x) \quad (2.102)$$

$$f_j(x) = \sum_{k \in \mathbb{Z}} c_k^{(j)} \phi(2^j x - k) \quad (2.103)$$

$$g_j(x) = \sum_{k \in \mathbb{Z}} d_k^{(j)} \psi(2^j x - k) \quad (2.104)$$

および

$$\phi(x) = \sum_{k \in \mathbb{Z}} p_k \phi\Big(2x - k\Big) \quad (2.105)$$

$$\psi(x) = \sum_{k \in \mathbb{Z}} q_k \phi\Big(2x - k\Big) \quad (2.106)$$

を用いて，

$$\sum_k c_k^{(j)} \phi(2^j x - k) = \sum_l c_l^{(j-1)} \phi(2^{j-1}x - l) + \sum_l d_l^{(j-1)} \psi(2^{j-1}x - l)$$

$$= \sum_l \sum_k \left[c_l^{(j-1)} p_k + d_l^{(j-1)} q_k \right] \phi(2(2^{j-1}x - l) - k)$$

$$= \sum_k \sum_l \left[p_{k-2l} c_l^{(j-1)} + q_{k-2l} d_l^{(j-1)} \right] \phi(2^j x - k) \tag{2.107}$$

となる．したがって，再構成アルゴリズムは，

$$c_k^{(j)} = \sum_l \left[p_{k-2l} c_l^{(j-1)} + q_{k-2l} d_l^{(j-1)} \right] \tag{2.108}$$

となる．

2.11 分解アルゴリズムと再構成アルゴリズム

$$V_{j+1} = V_j \bigoplus W_j \tag{2.109}$$

が成り立つとき，分解アルゴリズムは，

$$c_k^{(j-1)} = \frac{1}{2} \sum_l a_{2k-l} c_l^{(j)} \tag{2.110}$$

$$d_k^{(j-1)} = \frac{1}{2} \sum_l b_{2k-l} c_l^{(j)} \tag{2.111}$$

となり，再構成アルゴリズムは，

$$c_k^{(j)} = \sum_l \left[p_{k-2l} c_l^{(j-1)} + q_{k-2l} d_l^{(j-1)} \right] \tag{2.112}$$

となることがわかる．すなわち，

$$V_{j+1} = V_j \bigoplus W_j \tag{2.113}$$

が成り立つとき，

$$\sum_{k \in \mathbb{Z}} d_k^{(j)} \psi\left(2^j x - k\right) + \sum_{k \in \mathbb{Z}} c_k^{(j)} \phi\left(2^j x - k\right)$$

2.11 分解アルゴリズムと再構成アルゴリズム 57

$$= \sum_{k \in \mathbb{Z}} c_k^{(j+1)} \phi\left(2^{j+1}x - k\right) \tag{2.114}$$

となる係数 $\{c_k^{(j)}\}$ および係数 $\{d_k^{(j)}\}$ を再帰的に算出することが一意にできることが判る.なお,スケーリング関数 ϕ およびマザーウェーブレット関数 ψ は,解析者が与えるものである.したがって,係数 $\{p_k\}$,係数 $\{q_k\}$,係数 $\{a_k\}$ および係数 $\{b_k\}$ は解析者が構成できる.係数 $\{c_k^{(j)}\}$ および係数 $\{d_k^{(j)}\}$ が既知であるので,関数 $f_j(x)$ および関数 $g_j(x)$ は表現できる.

もしも関数 ϕ と関数 ψ とが,

$$\int_{-\infty}^{\infty} \overline{\phi(t-m)} \cdot \phi(t-n)dt = 0 \qquad (m \neq n) \tag{2.115}$$

$$\int_{-\infty}^{\infty} \overline{\psi(t-m)} \cdot \psi(t-n)dt = 0 \qquad (m \neq n) \tag{2.116}$$

$$\int_{-\infty}^{\infty} \overline{\psi(t-m)} \cdot \phi(t-n)dt = 0 \qquad (m \neq n \quad and \quad m = n) \tag{2.117}$$

$$\int_{-\infty}^{\infty} \overline{\phi(t-m)} \cdot \psi(t-n)dt = 0 \qquad (m \neq n \quad and \quad m = n) \tag{2.118}$$

という性質がある場合,すなわち,

- 関数 ϕ は直交関数であり,
- 関数 ψ は直交関数であり,
- 関数 ϕ と関数 ψ とは直交関係

である場合,係数 $\{p_k\}$,係数 $\{q_k\}$,係数 $\{a_k\}$ および係数 $\{b_k\}$ はそれぞれ独立に求める必要がなくなる.すなわち,

$$\phi(2x - l) = \frac{1}{2} \sum_{k \in \mathbb{Z}} \left[a_{2k-l}\phi(x-k) + b_{2k-l}\psi(x-k) \right] \tag{2.119}$$

に $\overline{\phi(x)}$ を掛けて積分すると,

$$\int_{-\infty}^{\infty} \overline{\phi(x)}\phi(2x-l)dx = \frac{1}{2} \sum_{k} \int_{-\infty}^{\infty} \overline{\phi(x)}\left[a_{2k-l}\phi(x-k) + b_{2k-l}\psi(x-k)\right]dx \tag{2.120}$$

となり，

$$左辺 = \int_{-\infty}^{\infty} \sum_k \overline{p_k} \overline{\phi(2x-k)} \phi(2x-l) dx \qquad (2.121)$$

$$= \sum_k \overline{p_k} \delta_{k,l} \int_{-\infty}^{\infty} \overline{\phi(2x)} \phi(2x) dx \qquad (2.122)$$

$$= \overline{p_l} \frac{1}{2} \int_{-\infty}^{\infty} \overline{\phi(x)} \phi(x) dx \qquad (2.123)$$

$$右辺 = \frac{1}{2} \sum_k a_{2k-l} \int_{-\infty}^{\infty} \overline{\phi(x)} \phi(x-k) dx \qquad (2.124)$$

$$= \frac{1}{2} \sum_k a_{2k-l} \delta_{k,0} \int_{-\infty}^{\infty} \overline{\phi(x)} \phi(x) dx \qquad (2.125)$$

$$= \frac{1}{2} a_{-l} \int_{-\infty}^{\infty} \overline{\phi(x)} \phi(x) dx \qquad (2.126)$$

となるので，

$$a_n = \overline{p_{-n}} \qquad (n \in \mathbb{Z}) \qquad (2.127)$$

が成り立つ．同様に，

$$\phi(2x-l) = \frac{1}{2} \sum_{k \in \mathbb{Z}} \Big[a_{2k-l} \phi(x-k) + b_{2k-l} \psi(x-k) \Big] \qquad (2.128)$$

に $\overline{\psi(x)}$ を掛けて積分することにより，b_n $(n \in \mathbb{Z})$ の性質は導出されることになる．

$$\int_{-\infty}^{\infty} \overline{\psi(x)} \phi(2x-l) dx = \frac{1}{2} \sum_k \int_{-\infty}^{\infty} \overline{\psi(x)} \Big[a_{2k-l} \phi(x-k) + b_{2k-l} \psi(x-k) \Big] dx \qquad (2.129)$$

であり，

$$左辺 = \int_{-\infty}^{\infty} \sum_k \overline{q_k} \overline{\phi(2x-k)} \phi(2x-l) dx \qquad (2.130)$$

2.11 分解アルゴリズムと再構成アルゴリズム

$$= \sum_k \overline{q_k} \delta_{k,l} \int_{-\infty}^{\infty} \overline{\phi(2x)} \phi(2x) dx \tag{2.131}$$

$$= \overline{q_l} \frac{1}{2} \int_{-\infty}^{\infty} \overline{\phi(x)} \phi(x) dx \tag{2.132}$$

$$\text{右辺} = \frac{1}{2} \sum_k b_{2k-l} \int_{-\infty}^{\infty} \overline{\psi(x)} \psi(x-k) dx \tag{2.133}$$

$$= \frac{1}{2} \sum_k b_{2k-l} \delta_{k,0} \int_{-\infty}^{\infty} \overline{\psi(x)} \psi(x) dx \tag{2.134}$$

$$= \frac{1}{2} b_{-l} \int_{-\infty}^{\infty} \overline{\psi(x)} \psi(x) dx \tag{2.135}$$

となるので,

$$b_n = \overline{q_{-n}} \frac{\int_{-\infty}^{\infty} \overline{\phi(x)} \phi(x) dx}{\int_{-\infty}^{\infty} \overline{\psi(x)} \psi(x) dx} \qquad (n \in \mathbb{Z}) \tag{2.136}$$

が成り立つ. なお,

$$\int_{-\infty}^{\infty} \overline{\psi(t-m)} \cdot \phi(t-n) dt = 0 \qquad (m \neq n \quad and \quad m = n) \tag{2.137}$$

$$\int_{-\infty}^{\infty} \overline{\phi(t-m)} \cdot \psi(t-n) dt = 0 \qquad (m \neq n \quad and \quad m = n) \tag{2.138}$$

という性質があるとき,

$$V_{j+1} = V_j \bigoplus W_j \tag{2.139}$$

が成り立つ.

第3章

直交関係と双対関係

3.1 直交性と双対性

複素関数 f と複素関数 g との内積,

$$<f,g> = \int_{-\infty}^{\infty} \overline{g(t)} f(t) dt \tag{3.1}$$

に対して, $<f,g>=0$ となるとき, 複素関数 f と複素関数 g とは直交な関係であるという. また, $<f,f>=1$ となるとき, 複素関数 f は正規化されているという.

$$\int_{-\infty}^{\infty} \overline{\phi(x-m)} \cdot \phi(x-n) dx = \delta_{m,n} \tag{3.2}$$

を満たすスケーリング関数 ϕ を直交スケーリング関数という.

$$\int_{-\infty}^{\infty} \overline{\psi(x-m)} \cdot \psi(x-n) dx = \delta_{m,n} \tag{3.3}$$

を満たすマザーウェーブレット関数 ψ を直交マザーウェーブレット関数という. ここで $\delta_{m,n}$ は, クロネッカーのデルタ関数であり, m と n が一致している時のみ 1 であり, それ以外は 0 となる関数である. 第 2 章で説明したように, マザーウェーブレットの $-\infty$ から ∞ まで積分は 0 となる条件が成立している必要がある. これは, 式 (2.69) のアドミッシブル条件と等価である. この条件が成立しているのでウェーブレットの正則性が保証され, ウェーブレット解析が成立する. この直交性を有する関数を見つけることが重要であり, これにより, ベクトル表現が可能になる. また, 観測信号の解析のために必要な計算量が, 直交関数系であるが故に劇的に削減できるのである.

ウェーブレット変換ではこの直交性の代わりに双対性を導入して, 双対関係のある関数, すなわち, スケーリング関数およびマザーウェーブレット関数を定義することにより, 直交関数系と同様の性質をもたせた. すなわち, 双対基底関数による展開である.

$$\int_{-\infty}^{\infty} \overline{\left(2^{\frac{j_1}{2}}\psi_1(2^{j_1}t-k_1)\right)}\left(2^{\frac{j_2}{2}}\psi_2(2^{j_2}t-k_2)\right)dt = \delta_{j_1,j_2}\delta_{k_1,k_2} \quad (3.4)$$

を満たすとき, マザーウェーブレット関数 ψ_1 とマザーウェーブレット関数 ψ_2 とは双対な関係であるという.

$$\int_{-\infty}^{\infty} \overline{\left(2^{\frac{j_1}{2}}\phi_1(2^{j_1}t-k_1)\right)}\left(2^{\frac{j_2}{2}}\phi_2(2^{j_2}t-k_2)\right)dt = \delta_{j_1,j_2}\delta_{k_1,k_2} \quad (3.5)$$

を満たすとき, スケーリング関数 ϕ_1 とスケーリング関数 ϕ_2 とは双対な関係であるという. なお, 関数 ψ_1 と双対関係である関数 ψ_2 は唯一であり, 関数 ϕ_1 と双対関係である関数 ϕ_2 は唯一である. さらに, $\psi_1 = \psi_2$ のとき, $\psi_1(=\psi_2)$ は直交マザーウェーブレット関数である. $\phi_1 = \phi_2$ のとき, $\phi_1(=\phi_2)$ は直交スケーリング関数である.

3.2 双対基底

ϕ と $\tilde{\phi}$ とは双対な関係があり, ψ と $\tilde{\psi}$ とは双対な関係があると仮定すると,

$$\phi(x) = \sum_{k\in\mathbb{Z}} p_k \phi\left(2x-k\right) \quad (3.6)$$

$$\psi(x) = \sum_{k\in\mathbb{Z}} q_k \phi\left(2x-k\right) \quad (3.7)$$

$$\tilde{\phi}(x) = \sum_{k\in\mathbb{Z}} a_k \tilde{\phi}\left(2x-k\right) \quad (3.8)$$

$$\tilde{\psi}(x) = \sum_{k\in\mathbb{Z}} b_k \tilde{\phi}\left(2x-k\right) \quad (3.9)$$

であり,

第 3 章 直交関係と双対関係

$$V_j = Span\{\phi(2^j x - k) | k \in \mathbb{Z}\} \tag{3.10}$$

$$W_j = Span\{\psi(2^j x - k) | k \in \mathbb{Z}\} \tag{3.11}$$

$$\tilde{W}_j = Span\{\tilde{\psi}(2^j x - k) | k \in \mathbb{Z}\} \tag{3.12}$$

$$\tilde{V}_j = Span\{\tilde{\phi}(2^j x - k) | k \in \mathbb{Z}\} \tag{3.13}$$

という性質がある．V_j は $\phi(2^j x - k)$ により張られる空間であり，W_j は $\psi(2^j x - k)$ により張られる空間である．また，$\tilde{W}_j$ は $\tilde{\psi}(2^j x - k)$ により張られる空間であり，$\tilde{V}_j$ は $\tilde{\phi}(2^j x - k)$ により張られる空間である．ところで，$\phi = \tilde{\phi}$ であれば $V_j = \tilde{V}_j$ となり，$\psi = \tilde{\psi}$ であれば $W_j = \tilde{W}_j$ となる．さらに，

$$\cdots \subset V_{j-1} \subset V_j \subset V_{j+1} \subset \cdots \tag{3.14}$$

$$V_j \cap W_j = \phi \quad (\text{空集合}) \tag{3.15}$$

$$V_{j+1} = V_j + W_j \tag{3.16}$$

$$\cdots \subset \tilde{V}_{j-1} \subset \tilde{V}_j \subset \tilde{V}_{j+1} \subset \cdots \tag{3.17}$$

$$\tilde{V}_j \cap \tilde{W}_j = \phi \quad (\text{空集合}) \tag{3.18}$$

$$\tilde{V}_{j+1} = \tilde{V}_j + \tilde{W}_j \tag{3.19}$$

$$V_j \perp \tilde{W}_j \tag{3.20}$$

$$\tilde{V}_j \perp W_j \tag{3.21}$$

$$\int_{-\infty}^{\infty} \overline{\left(2^{\frac{j_1}{2}}\psi(2^{j_1}t - k_1)\right)} \left(2^{\frac{j_2}{2}}\tilde{\psi}(2^{j_2}t - k_2)\right) dt = \delta_{j_1,j_2}\delta_{k_1,k_2} \tag{3.22}$$

$$\int_{-\infty}^{\infty} \overline{\left(2^0 \phi(2^0 t - k_1)\right)} \left(\tilde{\psi}(t)\right) dt = 0 \quad (\forall k_1 \in \mathbb{Z}) \tag{3.23}$$

という条件を満たす必要がある．なお，空間 W_j は空間 V_j の補空間ではあるが直交補空間であるとは限らない．同様に，空間 $\tilde{W}_j$ は空間 $\tilde{V}_j$ の補空間ではあるが直交補空間であるとは限らない．

もしも，

$$V_j = \tilde{V}_j \tag{3.24}$$

という条件があれば,

$$\cdots \subset V_{j-1} \subset V_j \subset V_{j+1} \subset \cdots \tag{3.25}$$

$$V_j \cap W_j = \phi \quad (空集合) \tag{3.26}$$

$$V_{j+1} = V_j + W_j \tag{3.27}$$

$$\cdots \subset \tilde{V}_{j-1} \subset \tilde{V}_j \subset \tilde{V}_{j+1} \subset \cdots \tag{3.28}$$

$$\tilde{V}_j \cap \tilde{W}_j = \phi \quad (空集合) \tag{3.29}$$

$$\tilde{V}_{j+1} = \tilde{V}_j + \tilde{W}_j \tag{3.30}$$

$$V_j \perp \tilde{W}_j \tag{3.31}$$

$$\tilde{V}_j \perp W_j \tag{3.32}$$

という条件は,

$$\cdots \subset V_{j-1} \subset V_j \subset V_{j+1} \subset \cdots \tag{3.33}$$

$$V_{j+1} = V_j \bigoplus W_j \tag{3.34}$$

という条件のみになる. ただし, $\phi = \tilde{\phi}$ および $\psi = \tilde{\psi}$ という条件は必要がなくなる. すなわち, $\phi \neq \tilde{\phi}$ および $\psi \neq \tilde{\psi}$ であったとしても $V_j = \tilde{V}_j$ という場合がある. もしも,

$$V_j = \tilde{V}_j \tag{3.35}$$

という条件があれば, 空間 W_j は空間 V_j の直交補空間となることがわかる. さらに,

$$V_j = \tilde{V}_j \tag{3.36}$$

という条件があれば,

$$\tilde{\phi}(t) \in V_0 (= \tilde{V}_0) \tag{3.37}$$

$$\int_{-\infty}^{\infty} \overline{\left(2^0 \phi(2^0 t - k_1)\right)} \left(2^0 \tilde{\phi}(2^0 t - k_2)\right) dt = \delta_{k_1, k_2} \tag{3.38}$$

となる.

3.3 基底構成手順

$$V_j = \tilde{V}_j \tag{3.39}$$

という条件があるとする. まず,

$$\phi(x) = \sum_{k \in \mathbb{Z}} p_k \phi\big(2x - k\big) \tag{3.40}$$

を満たすスケーリング関数 $\phi(x)$ を用意する. そして,

$$V_0 = Span\{\phi(x-k) | k \in \mathbb{Z}\} \tag{3.41}$$

$$V_1 = Span\{\phi(2x-k) | k \in \mathbb{Z}\} \tag{3.42}$$

を構成する. さらに,

$$V_1 = V_0 \bigoplus W_0 \tag{3.43}$$

より得られる直交補空間 W_0 の要素 $\psi(x)$ を,

$$\psi(x) = \sum_{k \in \mathbb{Z}} q_k \phi\big(2x - k\big) \tag{3.44}$$

のように表現する. 一方,

$$\tilde{\phi}(t) \in V_0 (= \tilde{V}_0) \tag{3.45}$$

$$\int_{-\infty}^{\infty} \overline{\big(2^0 \phi(2^0 t - k_1)\big)} \big(2^0 \tilde{\phi}(2^0 t - k_2)\big) dt = \delta_{k_1, k_2} \tag{3.46}$$

$$\tilde{\phi}(x) = \sum_{k \in \mathbb{Z}} a_k \tilde{\phi}\big(2x - k\big) \tag{3.47}$$

を満たすスケーリング関数 $\tilde{\phi}(x)$ を用意する. 次に,

$$V_0 = Span\{\tilde{\phi}(x-k) | k \in \mathbb{Z}\} \tag{3.48}$$

$$V_1 = Span\{\tilde{\phi}(2x-k) | k \in \mathbb{Z}\} \tag{3.49}$$

を構成する．さらに，

$$V_1 = V_0 \bigoplus W_0 \tag{3.50}$$

より得られる直交補空間 W_0 の要素 $\tilde{\psi}(x)$ を，

$$\tilde{\psi}(x) = \sum_{k \in \mathbb{Z}} b_k \tilde{\phi}\left(2x - k\right) \tag{3.51}$$

のように表現する．

3.4 双対基底による近似関数

ところで，ϕ と $\tilde{\phi}$ とは双対な関係があり，

$$\int_{-\infty}^{\infty} \overline{\left(2^{\frac{j_1}{2}}\phi(2^{j_1}t - k_1)\right)}\left(2^{\frac{j_2}{2}}\tilde{\phi}(2^{j_2}t - k_2)\right)dt = \delta_{j_1,j_2}\delta_{k_1,k_2} \tag{3.52}$$

となる．したがって，

$$c_k^{(j)} \stackrel{\text{def}}{=} 2^j \cdot \int_{-\infty}^{\infty} \overline{\tilde{\phi}\left(2^j t - k\right)} \cdot f(t)dt \tag{3.53}$$

$$\tilde{c}_k^{(j)} \stackrel{\text{def}}{=} 2^j \cdot \int_{-\infty}^{\infty} \overline{\phi\left(2^j t - k\right)} \cdot f(t)dt \tag{3.54}$$

および

$$f_j(x) = \sum_{k \in \mathbb{Z}} c_k^{(j)} \phi\left(2^j x - k\right) \tag{3.55}$$

$$= \sum_{k \in \mathbb{Z}} \tilde{c}_k^{(j)} \tilde{\phi}\left(2^j x - k\right) \tag{3.56}$$

により，任意の観測信号 f から近似関数 f_j を構成できる．すなわち，

$$\int_{-\infty}^{\infty} \overline{\left(2^{\frac{j_1}{2}}\phi(2^{j_1}t - k_1)\right)}\left(2^{\frac{j_2}{2}}\tilde{\phi}(2^{j_2}t - k_2)\right)dt = \delta_{j_1,j_2}\delta_{k_1,k_2} \tag{3.57}$$

の性質から，近似関数 f_j は，スケーリング関数 ϕ およびスケーリング関数 $\tilde{\phi}$ を用いて 2 通りに表現される．

もしも，

という条件があれば，空間 W_j は空間 V_j の直交補空間となることより,

$$V_j = \tilde{V}_j \tag{3.58}$$

$$V_{j+1} = V_j \bigoplus W_j \tag{3.59}$$

が成り立つ．したがって，直交補空間定理により，関数 $f_{j+1}(x)$ は,

$$f_{j+1}(x) = g_j(x) + f_j(x) \tag{3.60}$$

のように"一意に"分解される．さらに,

$$g_j(x) = \sum_{k \in \mathbb{Z}} d_k^{(j)} \psi\left(2^j x - k\right) \tag{3.61}$$

$$= \sum_{k \in \mathbb{Z}} \tilde{d}_k^{(j)} \tilde{\psi}\left(2^j x - k\right) \tag{3.62}$$

という性質があるので，関数 g_j は，マザーウェーブレット関数 ψ およびマザーウェーブレット関数 $\tilde{\psi}$ を用いて 2 通りに表現される．以上のことから，式 (3.60) は,

$$\sum_{k \in \mathbb{Z}} c_k^{(j+1)} \phi\left(2^{j+1} x - k\right)$$

$$= \sum_{k \in \mathbb{Z}} c_k^{(j)} \phi\left(2^j x - k\right) + \sum_{k \in \mathbb{Z}} d_k^{(j)} \psi\left(2^j x - k\right) \tag{3.63}$$

および

$$\sum_{k \in \mathbb{Z}} \tilde{c}_k^{(j+1)} \tilde{\phi}\left(2^{j+1} x - k\right)$$

$$= \sum_{k \in \mathbb{Z}} \tilde{c}_k^{(j)} \tilde{\phi}\left(2^j x - k\right) + \sum_{k \in \mathbb{Z}} \tilde{d}_k^{(j)} \tilde{\psi}\left(2^j x - k\right) \tag{3.64}$$

の 2 通りに表現される．この理由は，近似関数 f_j がスケーリング関数 ϕ およびスケーリング関数 $\tilde{\phi}$ を用いて 2 通りに表現され，関数 g_j がマザーウェーブレット関数 ψ およびマザーウェーブレット関数 $\tilde{\psi}$ を用いて 2 通りに表現されるからである．これらのどちらかを採用すればよい．なお,

$$c_k^{(j)} \stackrel{\text{def}}{=} 2^j \cdot \int_{-\infty}^{\infty} \overline{\tilde{\phi}\left(2^j t - k\right)} \cdot f(t) dt \qquad (3.65)$$

$$\tilde{c}_k^{(j)} \stackrel{\text{def}}{=} 2^j \cdot \int_{-\infty}^{\infty} \overline{\phi\left(2^j t - k\right)} \cdot f(t) dt \qquad (3.66)$$

であることに注意が必要である.

3.5 分解アルゴリズムと再構成アルゴリズム

もしも,

$$V_j = \tilde{V}_j \qquad (3.67)$$

という条件があれば, 空間 W_j は空間 V_j の直交補空間となるので, 分解アルゴリズムは,

$$c_k^{(j-1)} = \frac{1}{2} \sum_l a_{2k-l} c_l^{(j)} \qquad (3.68)$$

$$d_k^{(j-1)} = \frac{1}{2} \sum_l b_{2k-l} c_l^{(j)} \qquad (3.69)$$

となり, 再構成アルゴリズムは,

$$c_k^{(j)} = \sum_l \left[p_{k-2l} c_l^{(j-1)} + q_{k-2l} d_l^{(j-1)} \right] \qquad (3.70)$$

となる.

第4章

離散ウェーブレット変換

4.1 双対表現

　第3章において定義した双対関係を用いてスケーリング関数の双対関係にある関数を導出し，スケーリング関数に対するマザーウェーブレットを導き，離散ウェーブレット変換を説明する．直交基底に代わる双対基底による任意の関数の展開が可能であることを紹介する．

　双対表現は，以下のように再定義できる．もしも，空間 V_j が空間 $\tilde{V}_j$ と双対ならば，

$$V_j = \tilde{V}_j \tag{4.1}$$

すなわち，空間 V_j が空間 $\tilde{V}_j$ と双対という条件が満たされるならば，

$$\cdots \subset V_{j-1} \subset V_j \subset V_{j+1} \subset \cdots \tag{4.2}$$

であるので，

$$V_{j+1} = V_j \bigoplus W_j \tag{4.3}$$

という条件のみになる．ただし，$\phi = \tilde{\phi}$ および $\psi = \tilde{\psi}$ という条件は満足しなくてもよい．スケーリング関数，マザーウェーブレット関数に対する条件が緩やかであり，すなわち，$\phi \neq \tilde{\phi}$ および $\psi \neq \tilde{\psi}$ であったとしても $V_j = \tilde{V}_j$ という場合がある．さらに，

$$f_j(x) = \sum_{k \in \mathbb{Z}} c_k^{(j)} \phi\left(2^j x - k\right) \tag{4.4}$$

$$= \sum_{k \in \mathbb{Z}} \tilde{c}_k^{(j)} \tilde{\phi}\left(2^j x - k\right) \tag{4.5}$$

により，与えられた信号 f から近似関数 $f_j(x)$ を 2 通りに表現できる．なお，

$$c_k^{(j)} \stackrel{\text{def}}{=} 2^j \cdot \int_{-\infty}^{\infty} \overline{\tilde{\phi}\left(2^j t - k\right)} \cdot f(t) dt \tag{4.6}$$

$$\tilde{c}_k^{(j)} \stackrel{\text{def}}{=} 2^j \cdot \int_{-\infty}^{\infty} \overline{\phi\left(2^j t - k\right)} \cdot f(t) dt \tag{4.7}$$

であることに注意する必要がある．

ところで，図 4.1 のスケーリング関数，

$$\phi_S(x) \stackrel{\text{def}}{=} \begin{cases} x & (0 \le x < 1) \\ 2 - x & (1 \le x < 2) \\ 0 & otherwise \end{cases} \tag{4.8}$$

と双対関係の関数は，式 (3.4), (3.5) の双対関係から，

$$\tilde{\phi}_S(x) = \sum_{k \in \mathbb{Z}} \sqrt{3} \left(\sqrt{3} - 2\right)^{|k|} \phi_S(x - k) \tag{4.9}$$

である．すなわち，

$$\int_{-\infty}^{\infty} \overline{\tilde{\phi}_S(x)} \phi_S(x - m) dx = \delta_{m,0} \tag{4.10}$$

の双対関係がある．なお，

$$\int_{-\infty}^{\infty} \overline{\phi_S(x)} \phi_S(x - 0) dx = \frac{2}{3} \tag{4.11}$$

$$\int_{-\infty}^{\infty} \overline{\phi_S(x)} \phi_S(x - 1) dx = \frac{1}{6} \tag{4.12}$$

$$\int_{-\infty}^{\infty} \overline{\phi_S(x)} \phi_S(x + 1) dx = \frac{1}{6} \tag{4.13}$$

である．また，

$$\phi_S(x) = \frac{1}{2} \phi_S(2x - 0) + \phi_S(2x - 1) + \frac{1}{2} \phi_S(2x - 2) \tag{4.14}$$

という性質がある.さらに,スケーリング関数 ϕ_S に対するマザーウェーブレットは,

$$\psi_S(x) = \frac{1}{12}\phi_S(2x-0) - \frac{1}{2}\phi_S(2x-1) + \frac{5}{6}\phi_S(2x-2)$$

$$-\frac{1}{2}\phi_S(2x-3) + \frac{1}{12}\phi_S(2x-4) \tag{4.15}$$

である.

スケーリング関数 ϕ_S とマザーウェーブレット ψ_S は,図 4.1 である.

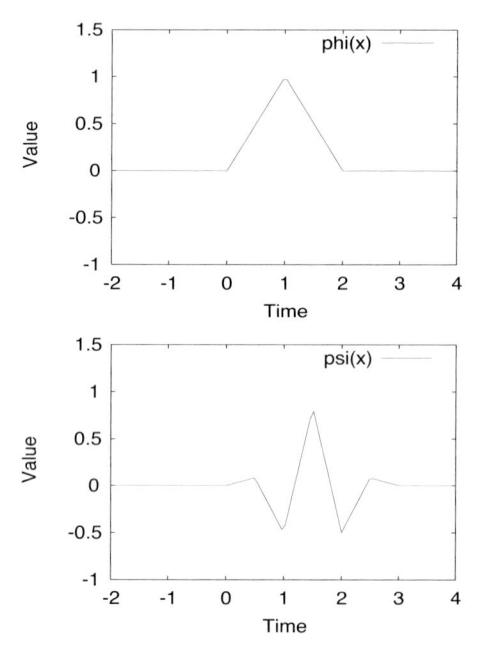

図 4.1 スケーリング関数 ϕ_S とマザーウェーブレット ψ_S

4.2 分解アルゴリズムと再構成アルゴリズムの行列表現 (Haar 基底の場合)

$$V_{j+1} = V_j \bigoplus W_j \tag{4.16}$$

が成り立つとき, 分解アルゴリズムは,

$$c_k^{(j-1)} = \frac{1}{2} \sum_l a_{2k-l} c_l^{(j)} \tag{4.17}$$

$$d_k^{(j-1)} = \frac{1}{2} \sum_l b_{2k-l} c_l^{(j)} \tag{4.18}$$

となり, 再構成アルゴリズムは,

$$c_k^{(j)} = \sum_l \left[p_{k-2l} c_l^{(j-1)} + q_{k-2l} d_l^{(j-1)} \right] \tag{4.19}$$

となる.

ところで, Haar 基底は,

$$\phi_H(x) = \phi_H(2x) + \phi_H(2x-1) \tag{4.20}$$

$$\psi_H(x) = \phi_H(2x) - \phi_H(2x-1) \tag{4.21}$$

という関係および

$$\phi_H(2x) = \frac{1}{2} \phi_H(x) + \frac{1}{2} \psi_H(x) \tag{4.22}$$

$$\phi_H(2x-1) = \frac{1}{2} \phi_H(x) - \frac{1}{2} \psi_H(x) \tag{4.23}$$

という関係があるので, 分解アルゴリズムは,

$$c_k^{(j-1)} = \frac{1}{2}(c_{2k}^{(j)} + c_{2k}^{(j)}) \tag{4.24}$$

$$d_k^{(j-1)} = \frac{1}{2}(c_{2k}^{(j)} - c_{2k}^{(j)}) \tag{4.25}$$

となり, したがって, 再構成アルゴリズムは,

$$c_{2k}^{(j)} = (c_k^{(j-1)} + d_k^{(j-1)}) \tag{4.26}$$

$$c_{2k+1}^{(j)} = (c_k^{(j-1)} - d_k^{(j-1)}) \tag{4.27}$$

となる.

分解アルゴリズムに対して行列表現を用いると，たとえば，

$$\begin{bmatrix} \frac{1}{2} & \frac{1}{2} & 0 & 0 & 0 & 0 & 0 & 0 \\ \frac{1}{2} & -\frac{1}{2} & 0 & 0 & 0 & 0 & 0 & 0 \\ 0 & 0 & \frac{1}{2} & \frac{1}{2} & 0 & 0 & 0 & 0 \\ 0 & 0 & \frac{1}{2} & -\frac{1}{2} & 0 & 0 & 0 & 0 \\ 0 & 0 & 0 & 0 & \frac{1}{2} & \frac{1}{2} & 0 & 0 \\ 0 & 0 & 0 & 0 & \frac{1}{2} & -\frac{1}{2} & 0 & 0 \\ 0 & 0 & 0 & 0 & 0 & 0 & \frac{1}{2} & \frac{1}{2} \\ 0 & 0 & 0 & 0 & 0 & 0 & \frac{1}{2} & -\frac{1}{2} \end{bmatrix} \begin{bmatrix} c_1^{(j)} \\ c_2^{(j)} \\ c_3^{(j)} \\ c_4^{(j)} \\ c_5^{(j)} \\ c_6^{(j)} \\ c_7^{(j)} \\ c_8^{(j)} \end{bmatrix} = \begin{bmatrix} c_1^{(j-1)} \\ d_1^{(j-1)} \\ c_2^{(j-1)} \\ d_2^{(j-1)} \\ c_3^{(j-1)} \\ d_3^{(j-1)} \\ c_4^{(j-1)} \\ d_4^{(j-1)} \end{bmatrix}. \tag{4.28}$$

で表現され，再構成アルゴリズムに対して行列表現を用いると，たとえば，

$$\begin{bmatrix} 1 & 1 & 0 & 0 & 0 & 0 & 0 & 0 \\ 1 & -1 & 0 & 0 & 0 & 0 & 0 & 0 \\ 0 & 0 & 1 & 1 & 0 & 0 & 0 & 0 \\ 0 & 0 & 1 & -1 & 0 & 0 & 0 & 0 \\ 0 & 0 & 0 & 0 & 1 & 1 & 0 & 0 \\ 0 & 0 & 0 & 0 & 1 & -1 & 0 & 0 \\ 0 & 0 & 0 & 0 & 0 & 0 & 1 & 1 \\ 0 & 0 & 0 & 0 & 0 & 0 & 1 & -1 \end{bmatrix} \begin{bmatrix} c_1^{(j-1)} \\ d_1^{(j-1)} \\ c_2^{(j-1)} \\ d_2^{(j-1)} \\ c_3^{(j-1)} \\ d_3^{(j-1)} \\ c_4^{(j-1)} \\ d_4^{(j-1)} \end{bmatrix} = \begin{bmatrix} c_1^{(j)} \\ c_2^{(j)} \\ c_3^{(j)} \\ c_4^{(j)} \\ c_5^{(j)} \\ c_6^{(j)} \\ c_7^{(j)} \\ c_8^{(j)} \end{bmatrix}. \tag{4.29}$$

と表現される.

4.3 離散ウェーブレット変換

Haar 基底による離散ウェーブレット変換は，正方行列，

$$A_n = \begin{bmatrix} 1/2 & 1/2 & 0 & 0 & 0 & \cdots & \cdots & \cdots & 0 & 0 & 0 \\ 1/2 & -1/2 & 0 & 0 & 0 & \cdots & \cdots & \cdots & 0 & 0 & 0 \\ 0 & 0 & 1/2 & 1/2 & 0 & \cdots & \cdots & \cdots & 0 & 0 & 0 \\ 0 & 0 & 1/2 & -1/2 & 0 & \cdots & \cdots & \cdots & 0 & 0 & 0 \\ \cdots & \cdots & \cdots & \cdots & \cdots & \cdots & \cdots & \cdots & \cdots & \cdots & \cdots \\ \cdots & \cdots & \cdots & \cdots & \cdots & \cdots & \cdots & \cdots & \cdots & \cdots & \cdots \\ 0 & 0 & 0 & 0 & 0 & 0 & 0 & \cdots & 0 & 1/2 & 1/2 \\ 0 & 0 & 0 & 0 & 0 & 0 & 0 & \cdots & 0 & 1/2 & -1/2 \end{bmatrix}. \quad (4.30)$$

により表現される. すなわち, 観測スカラー信号 $(x_1, x_2, ...)^T$ に対して,

$$A_n \begin{bmatrix} x_1 \\ x_2 \\ x_3 \\ x_4 \\ \vdots \end{bmatrix} \quad (4.31)$$

とすればよい. とたえば,

$$A_8 = \begin{bmatrix} \frac{1}{2} & \frac{1}{2} & 0 & 0 & 0 & 0 & 0 & 0 \\ \frac{1}{2} & -\frac{1}{2} & 0 & 0 & 0 & 0 & 0 & 0 \\ 0 & 0 & \frac{1}{2} & \frac{1}{2} & 0 & 0 & 0 & 0 \\ 0 & 0 & \frac{1}{2} & -\frac{1}{2} & 0 & 0 & 0 & 0 \\ 0 & 0 & 0 & 0 & \frac{1}{2} & \frac{1}{2} & 0 & 0 \\ 0 & 0 & 0 & 0 & \frac{1}{2} & -\frac{1}{2} & 0 & 0 \\ 0 & 0 & 0 & 0 & 0 & 0 & \frac{1}{2} & \frac{1}{2} \\ 0 & 0 & 0 & 0 & 0 & 0 & \frac{1}{2} & -\frac{1}{2} \end{bmatrix}. \quad (4.32)$$

とすると,

$$
\begin{bmatrix}
\frac{1}{2} & \frac{1}{2} & 0 & 0 & 0 & 0 & 0 & 0 \\
\frac{1}{2} & -\frac{1}{2} & 0 & 0 & 0 & 0 & 0 & 0 \\
0 & 0 & \frac{1}{2} & \frac{1}{2} & 0 & 0 & 0 & 0 \\
0 & 0 & \frac{1}{2} & -\frac{1}{2} & 0 & 0 & 0 & 0 \\
0 & 0 & 0 & 0 & \frac{1}{2} & \frac{1}{2} & 0 & 0 \\
0 & 0 & 0 & 0 & \frac{1}{2} & -\frac{1}{2} & 0 & 0 \\
0 & 0 & 0 & 0 & 0 & 0 & \frac{1}{2} & \frac{1}{2} \\
0 & 0 & 0 & 0 & 0 & 0 & \frac{1}{2} & -\frac{1}{2}
\end{bmatrix}
\begin{bmatrix} x_1 \\ x_2 \\ x_3 \\ x_4 \\ x_5 \\ x_6 \\ x_7 \\ x_8 \end{bmatrix}
=
\begin{bmatrix} (x_1+x_2)/2 \\ (x_1-x_2)/2 \\ (x_3+x_4)/2 \\ (x_3-x_4)/2 \\ (x_5+x_6)/2 \\ (x_5-x_6)/2 \\ (x_7+x_8)/2 \\ (x_7-x_8)/2 \end{bmatrix}. \quad (4.33)
$$

となる.さらに,偶数行と奇数行とにまとめることにより,

$$
\begin{bmatrix} (x_1+x_2)/2 \\ (x_1-x_2)/2 \\ (x_3+x_4)/2 \\ (x_3-x_4)/2 \\ (x_5+x_6)/2 \\ (x_5-x_6)/2 \\ (x_7+x_8)/2 \\ (x_7-x_8)/2 \end{bmatrix}
\to
\begin{bmatrix} (x_1+x_2)/2 \\ (x_3+x_4)/2 \\ (x_5+x_6)/2 \\ (x_7+x_8)/2 \\ (x_1-x_2)/2 \\ (x_3-x_4)/2 \\ (x_5-x_6)/2 \\ (x_7-x_8)/2 \end{bmatrix}
\quad (4.34)
$$

となる.最終的に,

$$
\begin{bmatrix} x_1 \\ x_2 \\ x_3 \\ x_4 \\ x_5 \\ x_6 \\ x_7 \\ x_8 \end{bmatrix}
\Longrightarrow
\begin{bmatrix} (x_1+x_2)/2 \\ (x_3+x_4)/2 \\ (x_5+x_6)/2 \\ (x_7+x_8)/2 \\ (x_1-x_2)/2 \\ (x_3-x_4)/2 \\ (x_5-x_6)/2 \\ (x_7-x_8)/2 \end{bmatrix}
\quad (4.35)
$$

となる.なお,上半分は低周波成分と呼ばれ,下半分は高周波成分と呼ばれる.
1次元信号のウェーブレット変換は,

4.3 離散ウェーブレット変換 75

図 4.2 1次元信号のウェーブレット変換

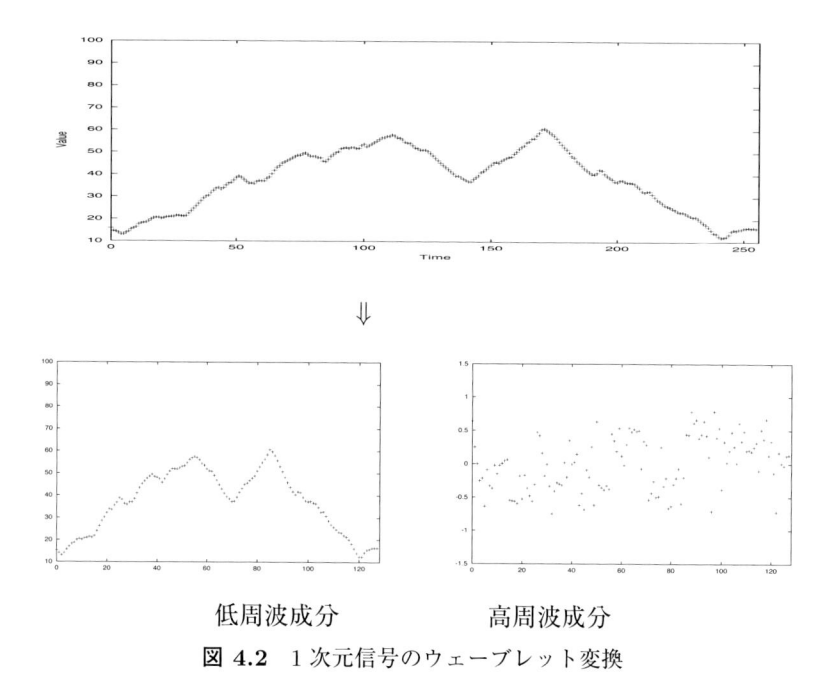

となり，低周波成分と高周波成分とに2分割される．

ところで，

$$B_8 = \begin{bmatrix} 1 & 1 & 0 & 0 & 0 & 0 & 0 & 0 \\ 1 & -1 & 0 & 0 & 0 & 0 & 0 & 0 \\ 0 & 0 & 1 & 1 & 0 & 0 & 0 & 0 \\ 0 & 0 & 1 & -1 & 0 & 0 & 0 & 0 \\ 0 & 0 & 0 & 0 & 1 & 1 & 0 & 0 \\ 0 & 0 & 0 & 0 & 1 & -1 & 0 & 0 \\ 0 & 0 & 0 & 0 & 0 & 0 & 1 & 1 \\ 0 & 0 & 0 & 0 & 0 & 0 & 1 & -1 \end{bmatrix}. \quad (4.36)$$

とすると，

$$\begin{bmatrix} 1 & 1 & 0 & 0 & 0 & 0 & 0 & 0 \\ 1 & -1 & 0 & 0 & 0 & 0 & 0 & 0 \\ 0 & 0 & 1 & 1 & 0 & 0 & 0 & 0 \\ 0 & 0 & 1 & -1 & 0 & 0 & 0 & 0 \\ 0 & 0 & 0 & 0 & 1 & 1 & 0 & 0 \\ 0 & 0 & 0 & 0 & 1 & -1 & 0 & 0 \\ 0 & 0 & 0 & 0 & 0 & 0 & 1 & 1 \\ 0 & 0 & 0 & 0 & 0 & 0 & 1 & -1 \end{bmatrix} \begin{bmatrix} (x_1+x_2)/2 \\ (x_1-x_2)/2 \\ (x_3+x_4)/2 \\ (x_3-x_4)/2 \\ (x_5+x_6)/2 \\ (x_5-x_6)/2 \\ (x_7+x_8)/2 \\ (x_7-x_8)/2 \end{bmatrix} = \begin{bmatrix} x_1 \\ x_2 \\ x_3 \\ x_4 \\ x_5 \\ x_6 \\ x_7 \\ x_8 \end{bmatrix}. \quad (4.37)$$

となる．したがって，

$$B_8 \cdot A_8 = I_8. \quad (4.38)$$

が成り立つ．すなわち，

$$\begin{bmatrix} x_1 \\ x_2 \\ x_3 \\ x_4 \\ x_5 \\ x_6 \\ x_7 \\ x_8 \\ \vdots \end{bmatrix} = B_n \cdot A_n \cdot \begin{bmatrix} x_1 \\ x_2 \\ x_3 \\ x_4 \\ x_5 \\ x_6 \\ x_7 \\ x_8 \\ \vdots \end{bmatrix}. \quad (4.39)$$

である．

数値データに対して行列 A_8 による1次元ウェーブレット変換を行うと，

$$\begin{bmatrix} 1 \\ 2 \\ 3 \\ 4 \\ 5 \\ 6 \\ 7 \\ 8 \end{bmatrix} \Longrightarrow \begin{bmatrix} 3/2 \\ 7/2 \\ 11/2 \\ 15/2 \\ -1/2 \\ -1/2 \\ -1/2 \\ -1/2 \end{bmatrix} \tag{4.40}$$

になる.さらに,低周波成分に複数回ウェーブレット変換を行うこともできる.

したがって,離散ウェーブレット変換は,観測スカラー信号 $(x_1, x_2, ...)^T$ に対して,正方行列 C_n により,

$$C_n \begin{bmatrix} x_1 \\ x_2 \\ x_3 \\ x_4 \\ \vdots \end{bmatrix} \tag{4.41}$$

とすればよいことがわかる.1次元信号のウェーブレット変換は,低周波成分と高周波成分とに2分割される.

4.4 可逆なウェーブレット変換

可逆なウェーブレット変換の場合,

$$B_n \cdot C_n = I_n. \tag{4.42}$$

となる行列 B_n が存在する.

4.5 直交行列

ここで,

$$C_2 = \begin{bmatrix} \frac{1}{\sqrt{2}} & \frac{1}{\sqrt{2}} \\ \frac{1}{\sqrt{2}} & -\frac{1}{\sqrt{2}} \end{bmatrix}. \tag{4.43}$$

$$C_4 = \begin{bmatrix} \frac{1}{\sqrt{2}} & \frac{1}{\sqrt{2}} & 0 & 0 \\ \frac{1}{\sqrt{2}} & -\frac{1}{\sqrt{2}} & 0 & 0 \\ 0 & 0 & \frac{1}{\sqrt{2}} & \frac{1}{\sqrt{2}} \\ 0 & 0 & \frac{1}{\sqrt{2}} & -\frac{1}{\sqrt{2}} \end{bmatrix}. \tag{4.44}$$

$$C_8 = \begin{bmatrix} \frac{1}{\sqrt{2}} & \frac{1}{\sqrt{2}} & 0 & 0 & 0 & 0 & 0 & 0 \\ \frac{1}{\sqrt{2}} & -\frac{1}{\sqrt{2}} & 0 & 0 & 0 & 0 & 0 & 0 \\ 0 & 0 & \frac{1}{\sqrt{2}} & \frac{1}{\sqrt{2}} & 0 & 0 & 0 & 0 \\ 0 & 0 & \frac{1}{\sqrt{2}} & -\frac{1}{\sqrt{2}} & 0 & 0 & 0 & 0 \\ 0 & 0 & 0 & 0 & \frac{1}{\sqrt{2}} & \frac{1}{\sqrt{2}} & 0 & 0 \\ 0 & 0 & 0 & 0 & \frac{1}{\sqrt{2}} & -\frac{1}{\sqrt{2}} & 0 & 0 \\ 0 & 0 & 0 & 0 & 0 & 0 & \frac{1}{\sqrt{2}} & \frac{1}{\sqrt{2}} \\ 0 & 0 & 0 & 0 & 0 & 0 & \frac{1}{\sqrt{2}} & -\frac{1}{\sqrt{2}} \end{bmatrix}. \tag{4.45}$$

$$C_n = \begin{bmatrix} \frac{1}{\sqrt{2}} & \frac{1}{\sqrt{2}} & 0 & 0 & 0 & \cdots & 0 & 0 & 0 \\ \frac{1}{\sqrt{2}} & \frac{1}{\sqrt{2}} & 0 & 0 & 0 & \cdots & 0 & 0 & 0 \\ 0 & 0 & \frac{1}{\sqrt{2}} & \frac{1}{\sqrt{2}} & 0 & \cdots & 0 & 0 & 0 \\ 0 & 0 & \frac{1}{\sqrt{2}} & \frac{1}{\sqrt{2}} & 0 & \cdots & 0 & 0 & 0 \\ \cdots & \cdots & \cdots & \cdots & \cdots & \cdots & \cdots & \cdots & \cdots \\ \cdots & \cdots & \cdots & \cdots & \cdots & \cdots & \cdots & \cdots & \cdots \\ 0 & 0 & 0 & 0 & 0 & \cdots & 0 & \frac{1}{\sqrt{2}} & \frac{1}{\sqrt{2}} \\ 0 & 0 & 0 & 0 & 0 & \cdots & 0 & \frac{1}{\sqrt{2}} & \frac{1}{\sqrt{2}} \end{bmatrix}. \tag{4.46}$$

とおく．さらに，

$$C_2^{-1} = \begin{bmatrix} \frac{1}{\sqrt{2}} & \frac{1}{\sqrt{2}} \\ \frac{1}{\sqrt{2}} & -\frac{1}{\sqrt{2}} \end{bmatrix}. \tag{4.47}$$

$$C_4^{-1} = \begin{bmatrix} \frac{1}{\sqrt{2}} & \frac{1}{\sqrt{2}} & 0 & 0 \\ \frac{1}{\sqrt{2}} & -\frac{1}{\sqrt{2}} & 0 & 0 \\ 0 & 0 & \frac{1}{\sqrt{2}} & \frac{1}{\sqrt{2}} \\ 0 & 0 & \frac{1}{\sqrt{2}} & -\frac{1}{\sqrt{2}} \end{bmatrix}. \tag{4.48}$$

$$C_8^{-1} = \begin{bmatrix} \frac{1}{\sqrt{2}} & \frac{1}{\sqrt{2}} & 0 & 0 & 0 & 0 & 0 & 0 \\ \frac{1}{\sqrt{2}} & -\frac{1}{\sqrt{2}} & 0 & 0 & 0 & 0 & 0 & 0 \\ 0 & 0 & \frac{1}{\sqrt{2}} & \frac{1}{\sqrt{2}} & 0 & 0 & 0 & 0 \\ 0 & 0 & \frac{1}{\sqrt{2}} & -\frac{1}{\sqrt{2}} & 0 & 0 & 0 & 0 \\ 0 & 0 & 0 & 0 & \frac{1}{\sqrt{2}} & \frac{1}{\sqrt{2}} & 0 & 0 \\ 0 & 0 & 0 & 0 & \frac{1}{\sqrt{2}} & -\frac{1}{\sqrt{2}} & 0 & 0 \\ 0 & 0 & 0 & 0 & 0 & 0 & \frac{1}{\sqrt{2}} & \frac{1}{\sqrt{2}} \\ 0 & 0 & 0 & 0 & 0 & 0 & \frac{1}{\sqrt{2}} & -\frac{1}{\sqrt{2}} \end{bmatrix}. \tag{4.49}$$

$$C_n^{-1} = \begin{bmatrix} \frac{1}{\sqrt{2}} & \frac{1}{\sqrt{2}} & 0 & 0 & 0 & \cdots & \cdots & 0 & 0 & 0 \\ \frac{1}{\sqrt{2}} & \frac{1}{\sqrt{2}} & 0 & 0 & 0 & \cdots & \cdots & 0 & 0 & 0 \\ 0 & 0 & \frac{1}{\sqrt{2}} & \frac{1}{\sqrt{2}} & 0 & \cdots & \cdots & 0 & 0 & 0 \\ 0 & 0 & \frac{1}{\sqrt{2}} & \frac{1}{\sqrt{2}} & 0 & \cdots & \cdots & 0 & 0 & 0 \\ \cdots & \cdots & \cdots & \cdots & \cdots & \cdots & \cdots & \cdots & \cdots & \cdots \\ \cdots & \cdots & \cdots & \cdots & \cdots & \cdots & \cdots & \cdots & \cdots & \cdots \\ 0 & 0 & 0 & 0 & 0 & 0 & \cdots & 0 & \frac{1}{\sqrt{2}} & \frac{1}{\sqrt{2}} \\ 0 & 0 & 0 & 0 & 0 & 0 & \cdots & 0 & \frac{1}{\sqrt{2}} & \frac{1}{\sqrt{2}} \end{bmatrix}. \tag{4.50}$$

となる．行列 C_n は $C_n^T \cdot C_n = I_n$ という性質がある．すなわち，$C_n^{-1} = C_n^T$ である．したがって，

$$\begin{bmatrix} x_1 \\ x_2 \\ x_3 \\ x_4 \\ x_5 \\ x_6 \\ x_7 \\ x_8 \\ \vdots \end{bmatrix} = C_n^T \cdot C_n \cdot \begin{bmatrix} x_1 \\ x_2 \\ x_3 \\ x_4 \\ x_5 \\ x_6 \\ x_7 \\ x_8 \\ \vdots \end{bmatrix}. \tag{4.51}$$

となる．

4.6　Haar 基底による変換と行列 C_n による変換

Haar 基底による変換の場合,

$$B_n \cdot A_n = I_n. \tag{4.52}$$

であるが, 行列 C_n による変換の場合,

$$C_n^T \cdot C_n = I_n. \tag{4.53}$$

である．したがって, 行列 C_n による変換は,Haar 基底による変換に比べ, 計算機のメモリ使用量の削減ができる．

Haar 基底による変換は, 図 4.2 となり, 行列 C_n による変換は, 図 4.3 となる．

4.6 Haar 基底による変換と行列 C_n による変換 81

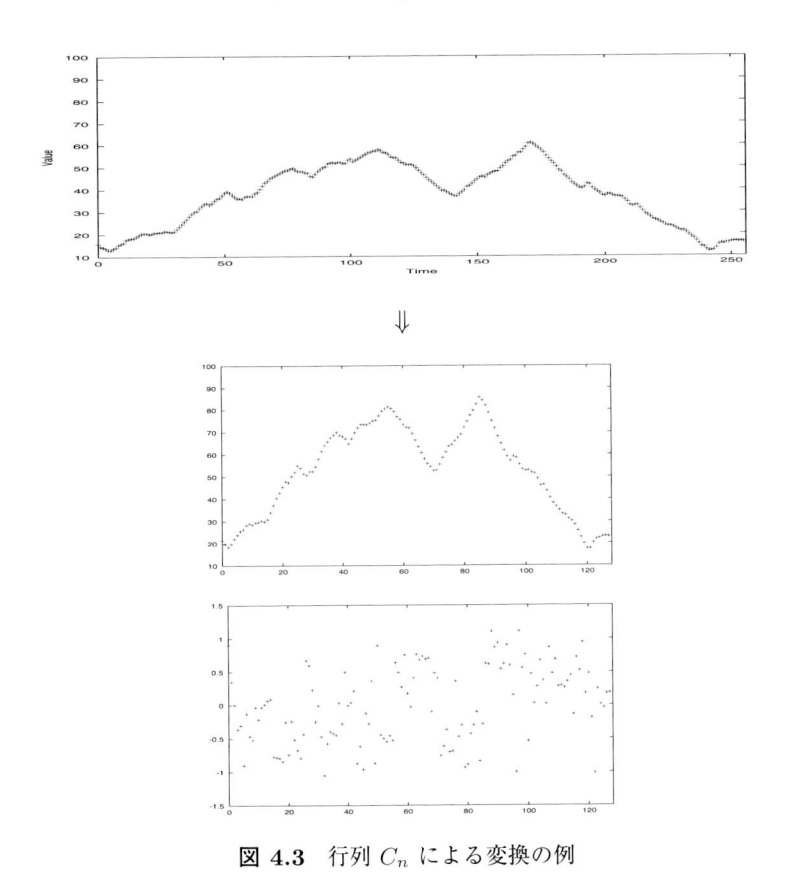

図 4.3 行列 C_n による変換の例

　行列 C_n による変換後の低周波成分の値は, Haar 基底による変換後の低周波成分の値に比べ, 大きな値を示すことがわかる.

　行列 C_n による変換は,

$$\begin{bmatrix} \frac{1}{\sqrt{2}} & \frac{1}{\sqrt{2}} & 0 & 0 & 0 & 0 & 0 & 0 \\ \frac{1}{\sqrt{2}} & -\frac{1}{\sqrt{2}} & 0 & 0 & 0 & 0 & 0 & 0 \\ 0 & 0 & \frac{1}{\sqrt{2}} & \frac{1}{\sqrt{2}} & 0 & 0 & 0 & 0 \\ 0 & 0 & \frac{1}{\sqrt{2}} & -\frac{1}{\sqrt{2}} & 0 & 0 & 0 & 0 \\ 0 & 0 & 0 & 0 & \frac{1}{\sqrt{2}} & \frac{1}{\sqrt{2}} & 0 & 0 \\ 0 & 0 & 0 & 0 & \frac{1}{\sqrt{2}} & -\frac{1}{\sqrt{2}} & 0 & 0 \\ 0 & 0 & 0 & 0 & 0 & 0 & \frac{1}{\sqrt{2}} & \frac{1}{\sqrt{2}} \\ 0 & 0 & 0 & 0 & 0 & 0 & \frac{1}{\sqrt{2}} & -\frac{1}{\sqrt{2}} \end{bmatrix} \begin{bmatrix} x_1 \\ x_2 \\ x_3 \\ x_4 \\ x_5 \\ x_6 \\ x_7 \\ x_8 \end{bmatrix} = \begin{bmatrix} (x_1+x_2)/\sqrt{2} \\ (x_1-x_2)/\sqrt{2} \\ (x_3+x_4)/\sqrt{2} \\ (x_3-x_4)/\sqrt{2} \\ (x_5+x_6)/\sqrt{2} \\ (x_5-x_6)/\sqrt{2} \\ (x_7+x_8)/\sqrt{2} \\ (x_7-x_8)/\sqrt{2} \end{bmatrix}.$$
(4.54)

となる．

4.7 サポート長

サポート長 sup を変えた場合のウェーブレット変換を考える．サポート長 sup は自由に設定できる．観測スカラー信号に対するウェーブレット変換は，たとえば，$sup = 2$ の場合，

$$C_8^{[2]} \begin{bmatrix} x_1 \\ x_2 \\ x_3 \\ x_4 \\ x_5 \\ x_6 \\ x_7 \\ x_8 \end{bmatrix} = \begin{bmatrix} p_0 & p_1 & 0 & 0 & 0 & 0 & 0 & 0 \\ q_0 & q_1 & 0 & 0 & 0 & 0 & 0 & 0 \\ 0 & 0 & p_0 & p_1 & 0 & 0 & 0 & 0 \\ 0 & 0 & q_0 & q_1 & 0 & 0 & 0 & 0 \\ 0 & 0 & 0 & 0 & p_0 & p_1 & 0 & 0 \\ 0 & 0 & 0 & 0 & q_0 & q_1 & 0 & 0 \\ 0 & 0 & 0 & 0 & 0 & 0 & p_0 & p_1 \\ 0 & 0 & 0 & 0 & 0 & 0 & q_0 & q_1 \end{bmatrix} \begin{bmatrix} x_1 \\ x_2 \\ x_3 \\ x_4 \\ x_5 \\ x_6 \\ x_7 \\ x_8 \end{bmatrix}$$

$$= \begin{bmatrix} p_0 x_1 + p_1 x_2 \\ q_0 x_1 + q_1 x_2 \\ p_0 x_3 + p_1 x_4 \\ q_0 x_3 + q_1 x_4 \\ p_0 x_5 + p_1 x_6 \\ q_0 x_5 + q_1 x_6 \\ p_0 x_7 + p_1 x_8 \\ q_0 x_7 + q_1 x_8 \end{bmatrix}. \qquad (4.55)$$

となり, $sup = 4$ の場合,

$$C_8^{[4]} \begin{bmatrix} x_1 \\ x_2 \\ x_3 \\ x_4 \\ x_5 \\ x_6 \\ x_7 \\ x_8 \end{bmatrix} = \begin{bmatrix} p_0 & p_1 & p_2 & p_3 & 0 & 0 & 0 & 0 \\ q_0 & q_1 & q_2 & q_3 & 0 & 0 & 0 & 0 \\ 0 & 0 & p_0 & p_1 & p_2 & p_3 & 0 & 0 \\ 0 & 0 & q_0 & q_1 & q_2 & q_3 & 0 & 0 \\ 0 & 0 & 0 & 0 & p_0 & p_1 & p_2 & p_3 \\ 0 & 0 & 0 & 0 & q_0 & q_1 & q_2 & q_3 \\ p_2 & p_3 & 0 & 0 & 0 & 0 & p_0 & p_1 \\ q_2 & q_3 & 0 & 0 & 0 & 0 & q_0 & q_1 \end{bmatrix} \begin{bmatrix} x_1 \\ x_2 \\ x_3 \\ x_4 \\ x_5 \\ x_6 \\ x_7 \\ x_8 \end{bmatrix}$$

$$= \begin{bmatrix} p_0 x_1 + p_1 x_2 + p_2 x_3 + p_3 x_4 \\ q_0 x_1 + q_1 x_2 + q_2 x_3 + q_3 x_4 \\ p_0 x_3 + p_1 x_4 + p_2 x_5 + p_3 x_6 \\ q_0 x_3 + q_1 x_4 + q_2 x_5 + q_3 x_6 \\ p_0 x_5 + p_1 x_6 + p_2 x_7 + p_3 x_8 \\ q_0 x_5 + q_1 x_6 + q_2 x_7 + q_3 x_8 \\ p_0 x_7 + p_1 x_8 + p_2 x_1 + p_3 x_2 \\ q_0 x_7 + q_1 x_8 + q_2 x_1 + q_3 x_2 \end{bmatrix}. \qquad (4.56)$$

となり, $sup = 6$ の場合,

$$C_8^{[6]} \begin{bmatrix} x_1 \\ x_2 \\ x_3 \\ x_4 \\ x_5 \\ x_6 \\ x_7 \\ x_8 \end{bmatrix} = \begin{bmatrix} p_0 & p_1 & p_2 & p_3 & p_4 & p_5 & 0 & 0 \\ q_0 & q_1 & q_2 & q_3 & q_4 & q_5 & 0 & 0 \\ 0 & 0 & p_0 & p_1 & p_2 & p_3 & p_4 & p_5 \\ 0 & 0 & q_0 & q_1 & q_2 & q_3 & q_4 & q_5 \\ p_4 & p_5 & 0 & 0 & p_0 & p_1 & p_2 & p_3 \\ q_4 & q_5 & 0 & 0 & q_0 & q_1 & q_2 & q_3 \\ p_2 & p_3 & p_4 & p_5 & 0 & 0 & p_0 & p_1 \\ q_2 & q_3 & q_4 & q_5 & 0 & 0 & q_0 & q_1 \end{bmatrix} \begin{bmatrix} x_1 \\ x_2 \\ x_3 \\ x_4 \\ x_5 \\ x_6 \\ x_7 \\ x_8 \end{bmatrix}$$

$$= \begin{bmatrix} p_0 x_1 + p_1 x_2 + p_2 x_3 + p_3 x_4 + p_4 x_5 + p_5 x_6 \\ q_0 x_1 + q_1 x_2 + q_2 x_3 + q_3 x_4 + q_4 x_5 + q_5 x_6 \\ p_0 x_3 + p_1 x_4 + p_2 x_5 + p_3 x_6 + p_4 x_7 + p_5 x_8 \\ q_0 x_3 + q_1 x_4 + q_2 x_5 + q_3 x_6 + q_4 x_7 + q_5 x_8 \\ p_0 x_5 + p_1 x_6 + p_2 x_7 + p_3 x_8 + p_4 x_1 + p_5 x_2 \\ q_0 x_5 + q_1 x_6 + q_2 x_7 + q_3 x_8 + q_4 x_1 + q_5 x_2 \\ p_0 x_7 + p_1 x_8 + p_2 x_1 + p_3 x_2 + p_4 x_3 + p_5 x_4 \\ q_0 x_7 + q_1 x_8 + q_2 x_1 + q_3 x_2 + q_4 x_3 + q_5 x_4 \end{bmatrix}. \quad (4.57)$$

となる．各サポート長の行列 $C_8^{[sup]}$ は，巡回行列になっていることがわかる．行列 $C_8^{[sup]}$ が巡回行列であるということは，

$$
\begin{bmatrix} x_1 \\ x_2 \\ x_3 \\ x_4 \\ x_5 \\ x_6 \\ x_7 \\ x_8 \\ x_9 \\ x_{10} \\ x_{11} \\ x_{12} \\ x_{13} \\ x_{14} \\ \vdots \end{bmatrix} = \begin{bmatrix} x_1 \\ x_2 \\ x_3 \\ x_4 \\ x_5 \\ x_6 \\ x_7 \\ x_8 \\ x_1 \\ x_2 \\ x_3 \\ x_4 \\ x_5 \\ x_6 \\ \vdots \end{bmatrix} \tag{4.58}
$$

ということを仮定していることと等価である.

4.8 係数 $\{p_k\}$ および係数 $\{q_k\}$ の決定法 (Daubechies 基底の場合)

正方行列 $C_n^{[sup]}$ における係数 $\{p_k\}$ および係数 $\{q_k\}$ の決定について, Daubechies 基底の場合を説明する. 係数 $\{p_k\}$ および係数 $\{q_k\}$ が決定されれば, ウェーブレット変換が可能となる.

サポート長 $sup = 2$ の場合,

$$\left(C_n^{[2]}\right)^T \cdot C_n^{[2]} = I_n \tag{4.59}$$

$$p_0 + p_1 = \sqrt{2} \tag{4.60}$$

$$q_0 = p_1 \tag{4.61}$$

$$q_1 = -p_0 \tag{4.62}$$

$$0^0 q_0 + 1^0 q_1 = 0 \tag{4.63}$$

の連立方程式を解けばよく，$sup = 4$ の場合，

$$\left(C_n^{[4]}\right)^T \cdot C_n^{[4]} = I_n \tag{4.64}$$

$$p_0 + p_1 + p_2 + p_3 = \sqrt{2} \tag{4.65}$$

$$q_0 = p_3 \tag{4.66}$$

$$q_1 = -p_2 \tag{4.67}$$

$$q_2 = p_1 \tag{4.68}$$

$$q_3 = -p_0 \tag{4.69}$$

$$0^0 q_0 + 1^0 q_1 + 2^0 q_2 + 3^0 q_3 = 0 \tag{4.70}$$

$$0^1 q_0 + 1^1 q_1 + 2^1 q_2 + 3^1 q_3 = 0 \tag{4.71}$$

の連立方程式を解けばよい．また，$sup = 6$ の場合，

$$\left(C_n^{[6]}\right)^T \cdot C_n^{[6]} = I_n \tag{4.72}$$

$$p_0 + p_1 + p_2 + p_3 + p_4 + p_5 = \sqrt{2} \tag{4.73}$$

$$q_0 = p_5 \tag{4.74}$$

$$q_1 = -p_4 \tag{4.75}$$

$$q_2 = p_3 \tag{4.76}$$

$$q_3 = -p_2 \tag{4.77}$$

$$q_4 = p_1 \tag{4.78}$$

$$q_5 = -p_0 \tag{4.79}$$

$$0^0 q_0 + 1^0 q_1 + 2^0 q_2 + 3^0 q_3 + 4^0 q_4 + 5^0 q_5 = 0 \tag{4.80}$$

$$0^1 q_0 + 1^1 q_1 + 2^1 q_2 + 3^1 q_3 + 4^1 q_4 + 5^1 q_5 = 0 \tag{4.81}$$

$$0^2 q_0 + 1^2 q_1 + 2^2 q_2 + 3^2 q_3 + 4^2 q_4 + 5^2 q_5 = 0 \tag{4.82}$$

の連立方程式を解けばよく, さらに長いサポート長の場合,

$$\left(C_n^{[sup]}\right)^T \cdot C_n^{[sup]} = I_n \tag{4.83}$$

$$\sum_{j=0}^{sup-1} p_j = \sqrt{2} \tag{4.84}$$

$$q_j = (-1)^j p_{((sup-1)-j)} \qquad \left(j = 0, 1, 2, ..., (sup-1)\right) \tag{4.85}$$

$$\sum_{j=0}^{sup-1} j^r q_j = 0 \qquad \left(r = 0, 1, 2, ..., (\frac{sup}{2} - 1)\right) \tag{4.86}$$

の連立方程式を解けばよい. ただし, sup は任意に設定可能, $\left[sup \geq 2\right]$ であり, n は観測データ数である. なお,

$$0^0 = 1 \tag{4.87}$$

である.

4.9 多次元ウェーブレット変換

与えられた離散信号が 2 次元の場合, まず, 対象の 2 次元データの横方向にフィルタ処理 (1 次元ウェーブレット変換) を行い, 低周波成分 (L 成分) と高周波成分 (H 成分) の 2 領域に分割する. 次に, この 2 領域の縦方向にそれぞれフィルタ処理 (1 次元ウェーブレット変換) を行う. 以上の処理により, 対象の 2 次元データは 4 分割 (LL 成分・LH 成分・HL 成分・HH 成分) され, 2 次元ウェーブレット変換は実現される. 2 次元ウェーブレット変換の概念図を図 4.4 に示す.

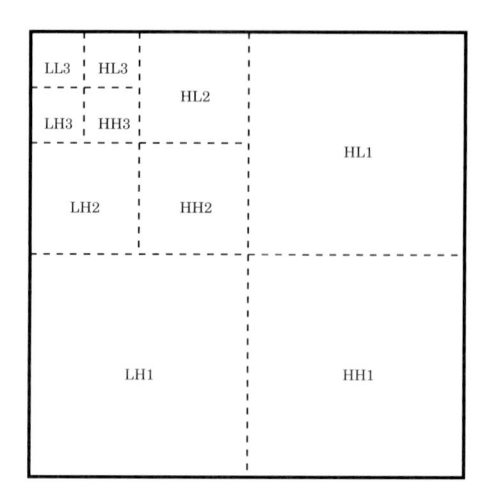

図 4.4　多重解像度解析の概念

　低周波成分に対して複数回 2 次元ウェーブレット変換を行った例である．
　多次元ウェーブレット変換は，2 次元ウェーブレット変換と同様に，各軸毎にフィルタ処理を行うことにより実現される．さらに，多変量の多次元ウェーブレット変換は，各変量毎に多次元ウェーブレット変換を施すことにより実現される．多変量とは，たとえば，ある時刻のある地域における気温データと気圧データのことである．
　1 変量の 2 次元データのウェーブレット変換の例を，図 4.5 の Lena 画像を用いて説明する．

図 4.5　原画像

図 4.5 の Lena の原画像に対して 2 次元ウェーブレット変換を行うと, 図 4.6 となる.

図 4.6 多重解像度解析結果の 1,2 段目

4.10 スケーリング関数とマザーウェーブレット

4.10.1 スケーリング関数とマザーウェーブレットの性質

この章ではウェーブレット変換を行う際の係数の特性について検討する. スケーリング関数 ϕ,

$$\phi(t) = \sum_{k\in\mathbb{Z}} p_k \cdot \sqrt{2}\phi\bigl(2t-k\bigr) \tag{4.88}$$

およびマザーウェーブレット ψ,

$$\psi(t) = \sum_{k\in\mathbb{Z}} q_k \cdot \sqrt{2}\phi\bigl(2t-k\bigr) \tag{4.89}$$

に対して,

が成り立つとする. そして,

$$\int_{-\infty}^{\infty} \phi(t)dt \neq 0 \tag{4.90}$$

$$\int_{-\infty}^{\infty} \psi(t)dt = 0 \tag{4.91}$$

が成り立つとする. そして,

$$\int_{-\infty}^{\infty} \phi(t)dt = \int_{-\infty}^{\infty} \Big[\sum_k p_k \cdot \sqrt{2}\phi\big(2t-k\big)\Big]dt \tag{4.92}$$

$$= \sum_k p_k \int_{-\infty}^{\infty} \sqrt{2}\phi\big(2t-k\big)dt \tag{4.93}$$

$$= \sqrt{2}\sum_k p_k \Big[\int_{-\infty}^{\infty} \phi\big(2t-k\big)dt\Big] \tag{4.94}$$

に対して $x = 2t - k$ とおくと, $\frac{dx}{dt} = 2$ より,

$$\int_{-\infty}^{\infty} \phi\big(2t-k\big)dt = \frac{1}{2}\int_{-\infty}^{\infty} \phi\big(x\big)dx \tag{4.95}$$

となり,

$$\int_{-\infty}^{\infty} \phi(t)dt \neq 0 \tag{4.96}$$

を考慮して,

$$\sum_k p_k = \sqrt{2} \tag{4.97}$$

となる. 同様に,

$$\int_{-\infty}^{\infty} \psi(t)dt = \int_{-\infty}^{\infty} \Big[\sum_k q_k \cdot \sqrt{2}\phi\big(2t-k\big)\Big]dt \tag{4.98}$$

$$= \sqrt{2}\cdot\sum_k q_k \cdot \int_{-\infty}^{\infty} \phi\big(2t-k\big)dt \tag{4.99}$$

に対して $x = 2t - k$ とおくと, $\frac{dx}{dt} = 2$ より,

$$\int_{-\infty}^{\infty} \phi\big(2t-k\big)dt = \frac{1}{2}\int_{-\infty}^{\infty} \phi\big(x\big)dx \tag{4.100}$$

となり，
$$\int_{-\infty}^{\infty} \phi(t)dt \neq 0$$

$$\int_{-\infty}^{\infty} \psi(t)dt = 0 \tag{4.101}$$

を考慮して，
$$\sum_{k} q_k = 0 \tag{4.102}$$

となる．

以上のことから，
$$\sum_{k} p_k = \sqrt{2} \tag{4.103}$$

および
$$\sum_{k} q_k = 0 \tag{4.104}$$

という性質があることがわかる．

4.10.2 直交性

もしも，関数 ϕ と関数 ψ とが，

$$\int_{-\infty}^{\infty} \overline{\phi(t-m)} \cdot \phi(t-n) dt = 0 \quad (m \neq n) \tag{4.105}$$

$$\int_{-\infty}^{\infty} \overline{\psi(t-m)} \cdot \psi(t-n) dt = 0 \quad (m \neq n) \tag{4.106}$$

$$\int_{-\infty}^{\infty} \overline{\psi(t-m)} \cdot \phi(t-n) dt = 0 \quad (m \neq n \quad and \quad m = n) \tag{4.107}$$

$$\int_{-\infty}^{\infty} \overline{\phi(t-m)} \cdot \psi(t-n) dt = 0 \quad (m \neq n \quad and \quad m = n) \tag{4.108}$$

という性質がある場合，

$$\int_{-\infty}^{\infty} \overline{\phi(x-m)} \cdot \psi(x) dx$$

$$= \int_{-\infty}^{\infty} \sum_{k,l} \overline{p_k \sqrt{2}\phi(2x-2m-k)} q_l \sqrt{2}\phi(2x-l)dx$$

$$= \sum_{k,l} \overline{p_k} q_l \int_{-\infty}^{\infty} \overline{\sqrt{2}\phi(y-2m-k)} \sqrt{2}\phi(y-l)\frac{dy}{2} \tag{4.109}$$

である．ところで，$l \neq 2m+k$ のとき，

$$2\int_{-\infty}^{\infty} \overline{\phi(y-2m-k)}\phi(y-l)\frac{dy}{2} = 0 \tag{4.110}$$

であり，$l = 2m+k$ のとき，

$$2\int_{-\infty}^{\infty} \overline{\phi(y-2m-k)}\phi(y-l)\frac{dy}{2} \neq 0 \tag{4.111}$$

であるので，

$$\int_{-\infty}^{\infty} \overline{\phi(x-m)} \cdot \psi(x)dx$$

$$= 2\sum_{k,l} \overline{p_k} q_l \int_{-\infty}^{\infty} \overline{\phi(y-2m-k)}\phi(y-l)\frac{dy}{2}$$

$$= 2\sum_{k} \overline{p_k} q_{k+2m} \int_{-\infty}^{\infty} \overline{\phi(y-2m-k)}\phi(y-2m-k)\frac{dy}{2} \tag{4.112}$$

となる．したがって，

$$\sum_{k} \overline{p_k} q_{k+2m} = 0 \tag{4.113}$$

という性質が導出される．また，

$$\int_{-\infty}^{\infty} \overline{\phi(x-m)} \cdot \phi(x)dx$$

$$= \int_{-\infty}^{\infty} \sum_{k,l} \overline{p_k \sqrt{2}\phi(2x-2m-k)} p_l \sqrt{2}\phi(2x-l)dx$$

$$= \sum_{k,l} \overline{p_k} p_l \int_{-\infty}^{\infty} \overline{\sqrt{2}\phi(y-2m-k)} \sqrt{2}\phi(y-l)\frac{dy}{2} \tag{4.114}$$

であり，

$$\sum_k \overline{p_k} p_{k+2m} = 0 \qquad (m \neq 0) \tag{4.115}$$

という性質が導出される．さらに，

$$\int_{-\infty}^{\infty} \overline{\psi(x-m)} \cdot \psi(x) dx$$

$$= \int_{-\infty}^{\infty} \sum_{k,l} \overline{q_k \sqrt{2}\phi(2x-2m-k)} q_l \sqrt{2}\phi(2x-l) dx$$

$$= \sum_{k,l} \overline{q_k} q_l \int_{-\infty}^{\infty} \overline{\sqrt{2}\phi(y-2m-k)} \sqrt{2}\phi(y-l) \frac{dy}{2} \tag{4.116}$$

であり，

$$\sum_k \overline{q_k} q_{k+2m} = 0 \qquad (m \neq 0) \tag{4.117}$$

という性質が導出される．

4.11 Daubechies 基底

4.11.1 Daubechies 基底の係数の求め方

Daubechies 基底のサポート長 sup に関して，

$$\left(C_n^{[sup]}\right)^T \cdot C_n^{[sup]} = I_n \tag{4.118}$$

$$\sum_{j=0}^{sup-1} p_j = \sqrt{2} \tag{4.119}$$

$$q_j = (-1)^j p_{((sup-1)-j)} \tag{4.120}$$

$$\Big(j = 0, 1, 2, ..., (sup-1)\Big)$$

$$\sum_{j=0}^{sup-1} j^r q_j = 0 \tag{4.121}$$

$$\left(r = 0, 1, 2, ..., (\frac{sup}{2} - 1)\right)$$

の連立方程式を解くことにより，ウェーブレット変換を行うための係数 p_i および係数 q_i を決定することができる．なお，サポート長 sup は解析者が与えるパラメータであり，n は観測データ数である．この連立方程式を解く際に 7.2 節の Newton 法を用いることができる．

4.11.2 Daubechies 基底の係数の特徴

係数 p_i および係数 q_i は実数であり，

$$\sum_k \overline{p_k} q_{k+2m} = \sum_k p_k q_{k+2m} = 0 \tag{4.122}$$

の性質に，

$$q_j = (-1)^j p_{((sup-1)-j)} \tag{4.123}$$

という条件を加えたものである．たとえば，$sup = 2$ の場合，

$$C_8^{[2]} = \begin{bmatrix} p_0 & p_1 & 0 & 0 & 0 & 0 & 0 & 0 \\ q_0 & q_1 & 0 & 0 & 0 & 0 & 0 & 0 \\ 0 & 0 & p_0 & p_1 & 0 & 0 & 0 & 0 \\ 0 & 0 & q_0 & q_1 & 0 & 0 & 0 & 0 \\ 0 & 0 & 0 & 0 & p_0 & p_1 & 0 & 0 \\ 0 & 0 & 0 & 0 & q_0 & q_1 & 0 & 0 \\ 0 & 0 & 0 & 0 & 0 & 0 & p_0 & p_1 \\ 0 & 0 & 0 & 0 & 0 & 0 & q_0 & q_1 \end{bmatrix}$$

$$= \begin{bmatrix} p_0 & p_1 & 0 & 0 & 0 & 0 & 0 & 0 \\ p_1 & -p_0 & 0 & 0 & 0 & 0 & 0 & 0 \\ 0 & 0 & p_0 & p_1 & 0 & 0 & 0 & 0 \\ 0 & 0 & p_1 & -p_0 & 0 & 0 & 0 & 0 \\ 0 & 0 & 0 & 0 & p_0 & p_1 & 0 & 0 \\ 0 & 0 & 0 & 0 & p_1 & -p_0 & 0 & 0 \\ 0 & 0 & 0 & 0 & 0 & 0 & p_0 & p_1 \\ 0 & 0 & 0 & 0 & 0 & 0 & p_1 & -p_0 \end{bmatrix} \tag{4.124}$$

となり, $sup = 4$ の場合,

$$C_8^{[4]} = \begin{bmatrix} p_0 & p_1 & p_2 & p_3 & 0 & 0 & 0 & 0 \\ q_0 & q_1 & q_2 & q_3 & 0 & 0 & 0 & 0 \\ 0 & 0 & p_0 & p_1 & p_2 & p_3 & 0 & 0 \\ 0 & 0 & q_0 & q_1 & q_2 & q_3 & 0 & 0 \\ 0 & 0 & 0 & 0 & p_0 & p_1 & p_2 & p_3 \\ 0 & 0 & 0 & 0 & q_0 & q_1 & q_2 & q_3 \\ p_2 & p_3 & 0 & 0 & 0 & 0 & p_0 & p_1 \\ q_2 & q_3 & 0 & 0 & 0 & 0 & q_0 & q_1 \end{bmatrix}$$

$$= \begin{bmatrix} p_0 & p_1 & p_2 & p_3 & 0 & 0 & 0 & 0 \\ p_3 & -p_2 & p_1 & -p_0 & 0 & 0 & 0 & 0 \\ 0 & 0 & p_0 & p_1 & p_2 & p_3 & 0 & 0 \\ 0 & 0 & p_3 & -p_2 & p_1 & -p_0 & 0 & 0 \\ 0 & 0 & 0 & 0 & p_0 & p_1 & p_2 & p_3 \\ 0 & 0 & 0 & 0 & p_3 & -p_2 & p_1 & -p_0 \\ p_2 & p_3 & 0 & 0 & 0 & 0 & p_0 & p_1 \\ p_1 & -p_0 & 0 & 0 & 0 & 0 & p_3 & -p_2 \end{bmatrix} \tag{4.125}$$

となる. さらに,

$$\int_{-\infty}^{\infty} x^r \psi(x) dx = 0 \tag{4.126}$$

の条件を追加する. すなわち,

$$\int_{-\infty}^{\infty} x^r \psi(x) dx = \int_{-\infty}^{\infty} x^r \Big[\sum_k q_k \phi(2x-k)\Big] dx \tag{4.127}$$

とすることにより，

$$\sum_{j=0}^{sup-1} j^r q_j = 0 \tag{4.128}$$

が得られる．

4.12 双対ウェーブレット

ϕ に双対な関数を $\tilde{\phi}$ とすると，

$$\tilde{\phi}(x) = \sum_{k \in \mathbb{Z}} a_k \cdot \tilde{\phi}\big(2x-k\big) \tag{4.129}$$

となる．また，ψ に双対な関数を $\tilde{\psi}$ とすると，

$$\tilde{\psi}(x) = \sum_{k \in \mathbb{Z}} b_k \cdot \tilde{\phi}\big(2x-k\big) \tag{4.130}$$

となる[*1]．

特に，$\phi = \tilde{\phi}$ の場合 ϕ は直交スケーリング関数と呼ばれ，$\psi = \tilde{\psi}$ の場合 ψ は直交マザーウェーブレットと呼ばれる．$\phi = \tilde{\phi}$ かつ $\psi = \tilde{\psi}$ の例として，Daubechies 基底がある．Daubechies 基底関数を以下に例示する．

[*1] 一般には，
$$Span\{\phi(x-k)|k \in \mathbb{Z}\} = Span\{\tilde{\phi}(x-k)|k \in \mathbb{Z}\} \tag{4.131}$$
であるとは限らない．今回は，式 (4.131) が成り立つものを対象とする．

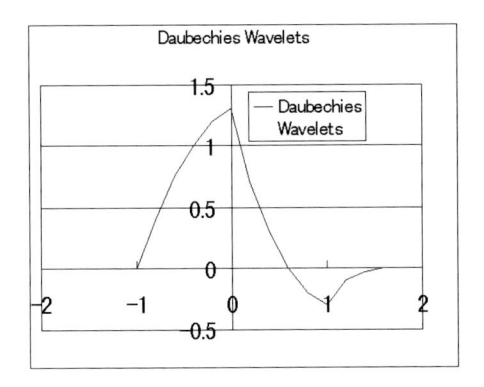

図 4.7 Daubechies 基底関数の例

第5章

適用例

　第 8 章において記載したように，ウェーブレット多重解像度解析は多方面への応用が可能である．また，物理探査，データ圧縮，フィルターバンク，ノイズ除去等のウェーブレット多重解像度解析の本質的な応用方法については他に両書がある．本書では，画像処理の基礎的応用の一例として画像エッジの抽出を取り上げ，ウェーブレット分解後の高周波成分がエッジ成分となっていることに着目して低周波成分を除去して再構成することによりエッジのみを抽出するというウェーブレット多重解像度解析ならではの応用をまず紹介する．また，ウェーブレット分解後の高周波成分のみを鍵画像 (埋め込みたい画像) と置き換え，再構成することにより，電子透かしを挿入，または，鍵画像を隠す方法，データハイディングを紹介する．これもウェーブレット多重解像度解析ならではの応用である．次に，ウェーブレット分解後の高周波成分の確率密度関数 (ヒストグラム) が正規分布になっていることに着目して話者分離を行い，多くの話者の混合信号から特定の話者の音声のみを抽出するという，これもウェーブレット多重解像度解析ならではの応用を紹介する．また，ウェーブレット基底関数の次数，サポート長の効果を示す応用例として動画像解析における移動物体の追跡を取り上げる．空間に時間軸を加えた 4 次元画像データに対して 4 次元ウェーブレット変換を施し，空間および時間方向のエッジを抽出することにより移動物体を追跡する際，適切なサポート長の基底関数を用いない場合は良好な結果が得られないことを示す．さらに，エッジ抽出法の応用例として 4 次元降雨レーダーデータ解析を取り上げ，具体的なプログラムと一緒に紹介する．

5.1 エッジ抽出

観測データに対してウェーブレット変換を施すと低周波成分と高周波成分に分割される．ウェーブレット変換後の低周波成分のみを保存することによりデータ圧縮が実現され，ウェーブレット変換後の高周波成分のみに対して逆ウェーブレット変換を施すことによりエッジ抽出が実現される．図 5.1 は，あるスカラ時系列データに対して 1 次元ウェーブレット変換を施すことによりエッジ抽出を行った例である．

(a) 観測データ

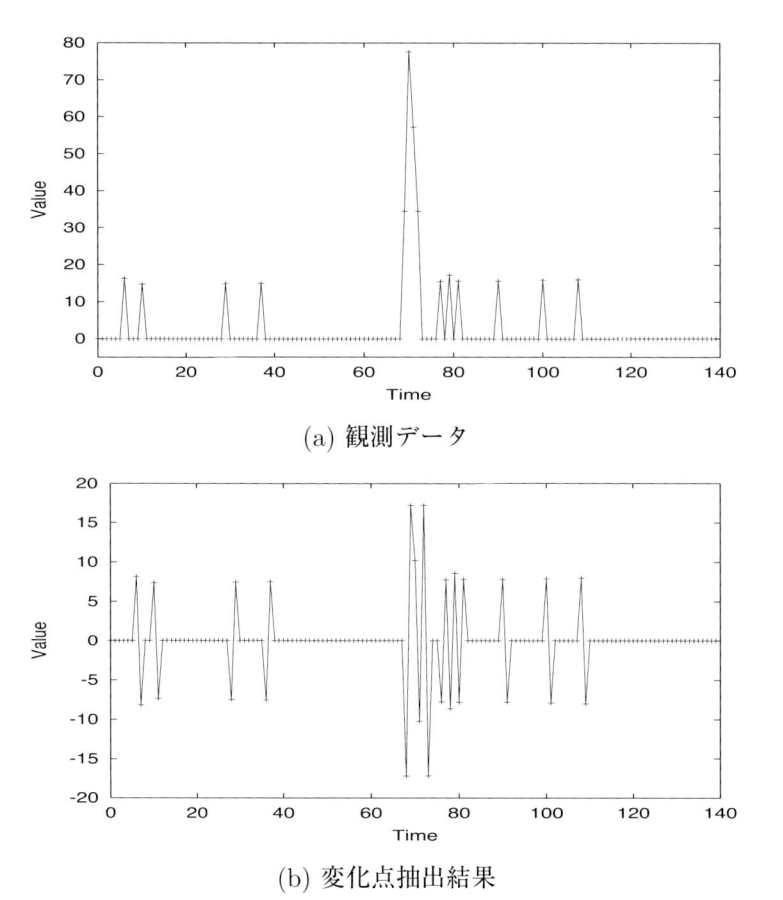

(b) 変化点抽出結果

図 5.1 1 次元ウェーブレット変換を施すことにより変化抽出を行った結果

図 5.2 は, 画像サイズ 48 × 140 画素の画像に対して 2 次元ウェーブレット変換を施すことによりエッジ抽出を行った例である.

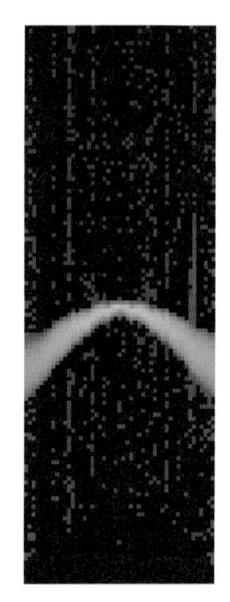

(a) 観測データ　　　　　　　　(b) 変化抽出結果
図 5.2　2 次元ウェーブレット変換を施すことにより変化抽出を行った結果

5.2　ウェーブレット多重解像度解析によるデータ・ハイディング

データ・ハイディングは, 透かし技術やステガノグラフィ技術の総称である. データ・ハイディングは, 原画像に鍵画像や ID 情報等を埋め込む技術であり, 原画像, すなわち, デジタル・オリジナルデータの不正利用を防止する目的のための電子透かし等の際に利用される. すなわち, データ・ハイディングは, オリジナルデータに鍵データを加えて透かし入りデータを生成する技術である.

5.2 ウェーブレット多重解像度解析によるデータ・ハイディング

5.2.1 ウェーブレット多重解像度解析

オリジナル画像に対してウェーブレット分解を行うと 4 成分 [1 低周波成分 (LL1 成分) と 3 高周波成分 (LH1 成分・HL1 成分・HH1 成分)] が生成される．また,LL1 成分をオリジナル画像と見なしてウェーブレット分解を行うと 4 成分 (LL2 成分・LH2 成分・HL2 成分・HH2 成分) が生成される．

5.2.2 データ・ハイディング

図 5.3 の例示により，多重解像度解析に基づくデータ・ハイディングの手法の概要を示す．多重解像度解析に基づくデータ・ハイディングは，

1. 原画像に対してウェーブレット分解を行う．
2. 鍵画像をオリジナル画像のウェーブレット分解後の高周波成分に挿入する．
3. ウェーブレット再構成によりハイディング画像を生成する．

の手順で行われる．なお，図 5.3 においては，鍵画像を LH1 成分に挿入した例である．(b) に示す通り，鍵画像の影響により原画像に鍵画像が分散して見てとれる．

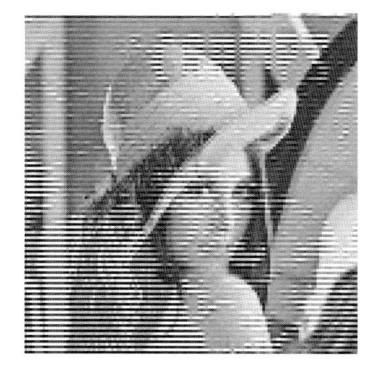

(a) 挿入前   (b) 挿入後復元画像

図 5.3 データ・ハイディング

5.3 ウェーブレット変換を伴うブラインドセパレーションに基づく話者分離

複数の音源が存在する環境下において，目的とする音だけを分離する音源分離技術が研究されている．特に，近年，テレビ会議，音声認識装置，デジタル補聴器等への利用が着目され，分離性能の向上に関する研究のみならず，応用研究が盛んに行われている．分離性能向上に関する研究では，マイクロホンアレイや独立成分分析 (Isolated Component Analysis: ICA) 等が代表的な研究である．マイクロホンアレイは，複数のマイクロホンをアレイ上に並べ，各マイクロホンで観測される音源の位相特性を利用して，雑音を抑制し，目的音を強調する技術である．このマイクロホンアレイには，一般に遅延和型アレイと，適応型アレイとがあり，応用研究が進展している．遅延和型アレイおよび適応型アレイとも，従来からある指向性マイクとは異なり，ビーム方向を可変にし，目的音に対して指向性をもつ集音システムとして利用されている．

ICA は，信号源の確率的な独立性に基づき，音源分離を行う手法である．ICA では，信号源が確率的に独立であれば，Kullback-Leibler Divergence を最大にするように復元フィルタを設計することで，複数の音源を観測音のみから分離することが可能である．エントロピー最大規範に基づくブラインドセパレーションは既に提案されている．その際，分離度を向上させるため，混合音声信号のウェーブレット多重解像度解析 (MRA) による高周波成分を用いる方法が一般に採られている．しかし，分離性能が十分ではなく，改善が望まれていた．本節で提案する手法は，MRA を多段に施すことにより分離性能の向上を図るものである．話者の音声を合成し，分離を試みた結果，提案手法は既存の手法に比べ，4〜8.8% の分離性能の向上に繋がることを確認した．

5.3.1 話者分離手法

ICA による話者分離では，話者音声信号の独立性を仮定している．たとえば，2 人の話者の音声信号を s_1, s_2 とし，それらの確率密度関数を $p(s_1), p(s_2)$ とすると，それらの同時確率密度関数 $p(s)$ は，

5.3 ウェーブレット変換を伴うブラインドセパレーションに基づく話者分離

$$p(s) = p(s_1)p(s_2) \tag{5.1}$$

と表される.ここで両話者の混合信号を $x_k = (x_1, x_2)$ とし,2層ニューラルネットワークにおける出力 y_i の合同エントロピーを最大にすることにより,両話者の音声信号の独立性が最大となる.

$$y_i = g(v_i) = g(\sum_k = 1^2 w_{ik}x_k - \theta_i), (i = 1, 2) \tag{5.2}$$

ここで w_ik, θ_i はニューラルネットワークの結合係数および閾値であり,$g(v_i)$ は,

$$g(v) = \frac{1 - e^{-v}}{1 + e^{-v}} \tag{5.3}$$

である.独立な信号が混合された混合信号 x_1, x_2 を入力として得られた出力 y_1, y_2 が独立になるならば y_1, y_2 は元信号であるといえる.このとき,合同エントロピー $H(y)$ は,

$$H(y) = H(y_1) + H(y_2) - m(y_1, y_2) \tag{5.4}$$

である.ここで,

$$m(y_1, y_2) = |ln\frac{p(y)}{p(y_1)p(y_2)}| \tag{5.5}$$

であり,$m(y_1, y_2) = 0$ となるならば,

$$p(y) = p(y_1)p(y_2) \tag{5.6}$$

となるので,合同エントロピーを最大にするように出力を決定することにより,話者分離が可能であることを示している.そのため,最急降下法による重み係数の最適化を行う.

$$w_{n+1} = w_n + \gamma(w_n^{-t} - \alpha y x^t)$$

$$\theta_{n+1} = \theta_n + \gamma y \tag{5.7}$$

ここで γ, α はステップ幅および学習速度調整係数である.

音声信号の混合具合にもよるが,複数の音声信号が一定の比率で混合され,しかもその音声信号の分布が一般化ガウス分布に従う場合は,理論的には最

大エントロピー法だけで目的音声信号を分離できる.しかし,実際には目的音声信号の混合率は他の音声信号に比べてかなり低く,自然音声信号の場合,信号の分布が一般化ガウス分布に従わないために分離がうまくいかない.そのため,自然音声信号をウェーブレット分解して得られる高周波成分の分布が一般化ガウス分布に従うことを利用する方法が考案されている.

　目的音声信号と他の音声信号それぞれにウェーブレット分解を施すと,得られた低周波成分はいずれも不規則な分布となり,一般化ガウス分布にはならない.そこでこの目的音声信号と混合音声信号の2つの高周波成分をニューラルネットワークに入力し,学習させると,学習されたネットワークは目的音声信号と混合音声信号の高周波成分を出力し,高周波成分の分離が可能になる.このとき,学習後のウェーブレット分解後の高周波成分のヒストグラムは一般化ガウス分布に従う.このネットワークにそれぞれ2つの音声信号の低周波成分を入力すると,混合比率は高周波,低周波両成分に関して変わらないので,目的音声信号と他の音声信号の低周波成分が出力され,目的音声信号が再構成できる.この方法において分離度は高周波成分のヒストグラムのガウス性および尖鋭度に依存している.一般に,ガウス性は保証されるが,尖鋭度はさほど高くない.提案方法はこのガウス性と尖鋭度を高めるため,ウェーブレット分解を多段に施し,高レベルにおける高周波成分を用いて分離度の高い話者分離を行い,分離後の低周波成分を用いて再構成して目的音声信号を出力するものである.提案手法の過程を図5.4に示す.

5.3 ウェーブレット変換を伴うブラインドセパレーションに基づく話者分離 105

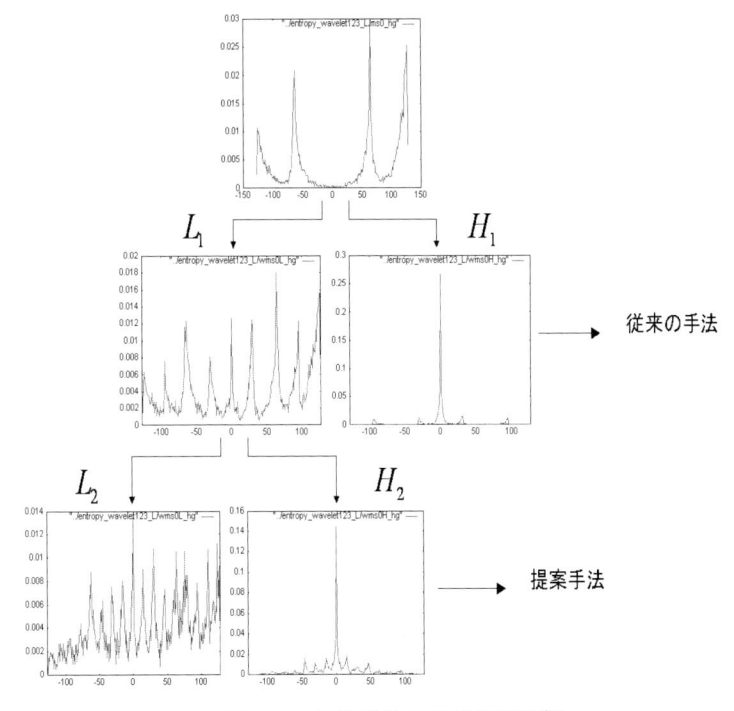

図 5.4 提案手法の話者分離過程

　上段の図は, 2 名の話者の混合音声信号であり, 中段の図は混合信号をウェーブレット分解して得られる低周波成分 (L_1) と高周波成分 (H_1) である. この高周波成分のヒストグラムが正規分布 (一般化ガウス分布) に近く, この性質を利用して話者分離を行う. この時, 分離度を高めるため, L_1 をウェーブレット分解し, L_2, H_2 を生成し (図中下段), H_2 のヒストグラムの正規性が向上し, 分離度が良好になることを示す.

5.3.2　実　験

5.3.2.1　実験に使用した音声信号

　サンプリングレイト 22.05KHz にて 8 ビット量子化の音声信号を全長 16384 サンプル取得した. 話者は 20 歳台男性の 8 名である. 2, 4, 6, 8 名の混合音声信号を作成した. 2 名の音声信号 (s_1, s_2) の一部の例, また, 混合音声信号

(x_1, x_2) の例を図 5.5 に示す. x_1, x_2 の混合比は, それぞれ, 0.6 : 0.4 および 0.8 : 0.2 である.

5.3.2.2 実験条件

γ, α は 0.05 (サンプルピッチ) および 0.01 に設定した. また, ニューラルネットワークの重み係数の学習収束条件を 10^{-8} とした. さらに, 学習回数の上限を 50 万回に設定した.

5.3.2.3 実験結果

2 名の話者の混合音声信号を用いてウェーブレット分解した後の信号を図 5.6(上段) に示す. また, この高周波成分を用いて学習し, 収束した後の話者分離後, ウェーブレット再構成してそれぞれの話者の音声信号を復元したものを図 5.6(下段) に例示する. 2 名の話者信号の合成と比較するとわかるように, ほぼ完全に復元できていることがわかる. このとき, 混合比を種々変えて同様の実験を行ったが, 分離はほとんど変化しないことを確認した.

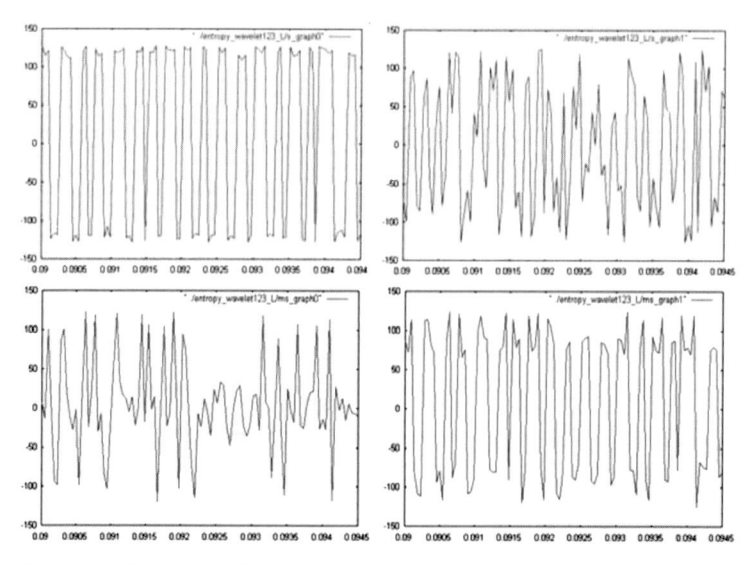

図 5.5 2 名の音声信号 (s_1, s_2) の一部の例 (上段), 混合音声信号 (x_1, x_2) の例 (下段)

5.3 ウェーブレット変換を伴うブラインドセパレーションに基づく話者分離

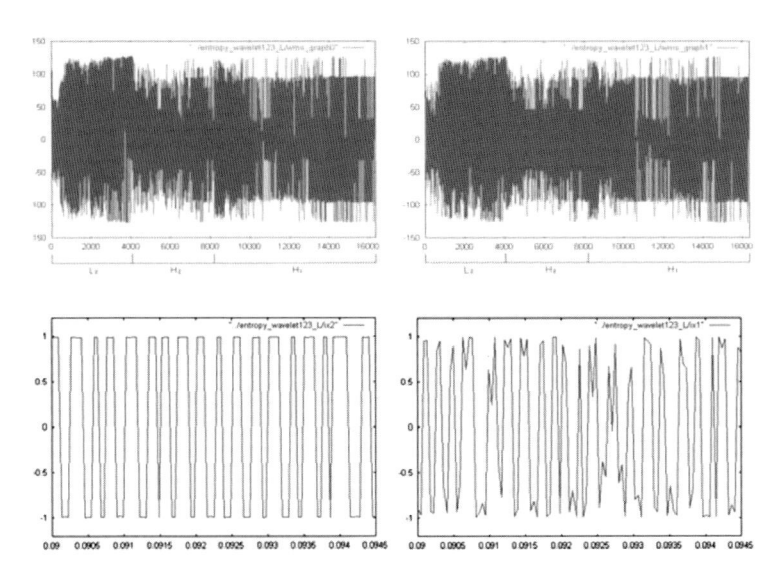

図 5.6 混合信号 x_1, x_2 のウェーブレット分解後 (上段) および復元音声信号 (下段)

　ウェーブレット分解後の図中右半分はレベル 1 (1 段分解後) の高周波成分であり, 左四半分はレベル 2 の低周波成分, それらの間の四半分はレベル 2 の高周波成分を表している. これらレベル 1, 2 の高周波成分のヒストグラムは図 5.4 に示す通りであり, レベル 1 の高周波成分のヒストグラムより, レベル 2 の方が正規性, 尖鋭度が優れている. しかし, ヒストグラムの主峰の裾野周辺分布が盛り上がる傾向があり, これがレベルによって増大し, 話者分離の妨げになる. したがって, レベルを高くしすぎるとかえって分離度が悪くなるため, この観点からレベル 2 程度が限界であることがわかる. 復元音声信号と元音声信号との RMSE: Root Mean Square Error (分離誤差) および相関係数を評価した結果を表 5.1 に示す. 同表にはウェーブレット分解後の H_1 を用いて学習する従来手法と H_2 を用いて学習する提案手法との RMSE および相関係数の比較を示す. この表から s_1, s_2 を比較すると, ばらつきの大きな s_2 の分離誤差が大きいことがわかる. また, 提案手法は従来手法に比べ分離誤差が小さく, 相関係数が大きいことがわかる. 計算に要する時間は両者とも 23 秒であり, レベルが 1 段高くなることの処理時間は, 全体から見れば些少であることがわかる.

表 5.1　従来手法と提案手法の比較

	s_1	s_2
従来手法の分離誤差 (相関係数)	6.501%(0.9938)	7.857%(0.9918)
提案手法の分離誤差 (相関係数)	6.377%(0.9940)	7.260%(0.9930)

また, 他の例として 8 名の話者の数を 8 名にした場合, 音声信号を図 5.7 に示す.

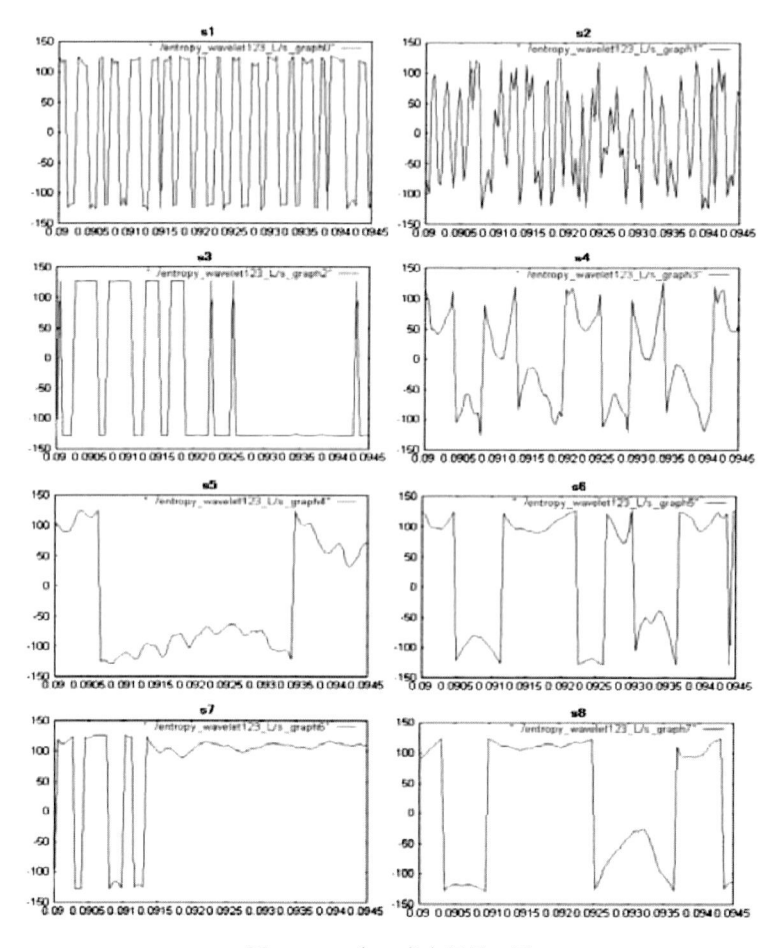

図 5.7　8 名の音声信号の例

5.3 ウェーブレット変換を伴うブラインドセパレーションに基づく話者分離

これらの混合信号を図 5.8 に示す.

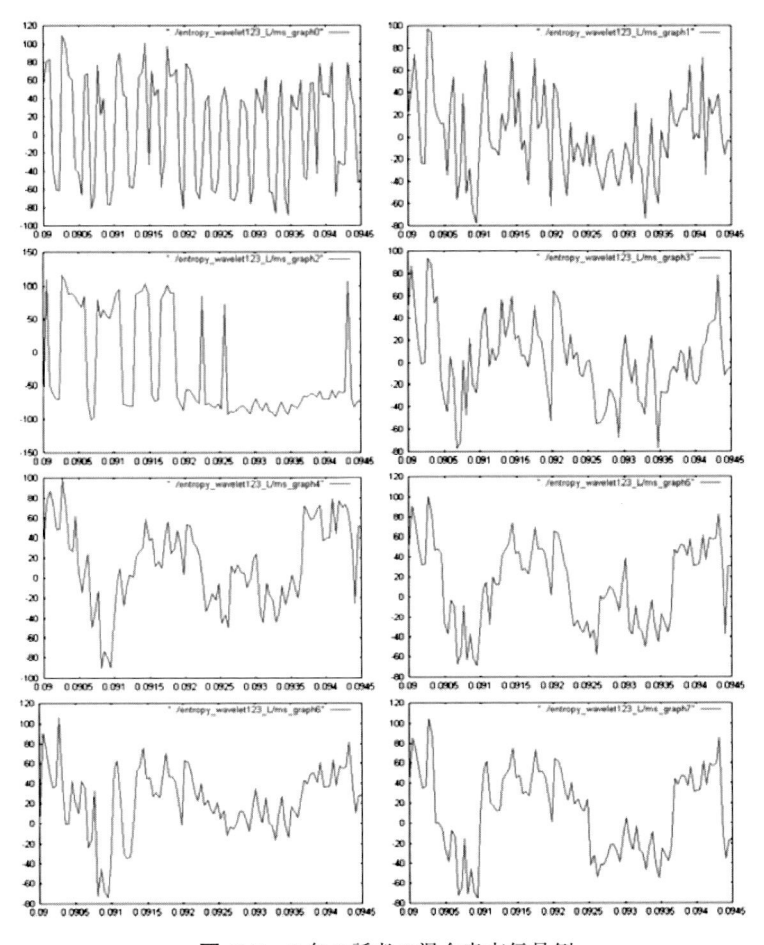

図 5.8 8 名の話者の混合音声信号例

また,同様に復元信号の例を図 5.9 に示す.これを図 5.7 と比較するとわかるようにおおむね復元できていることがわかる.

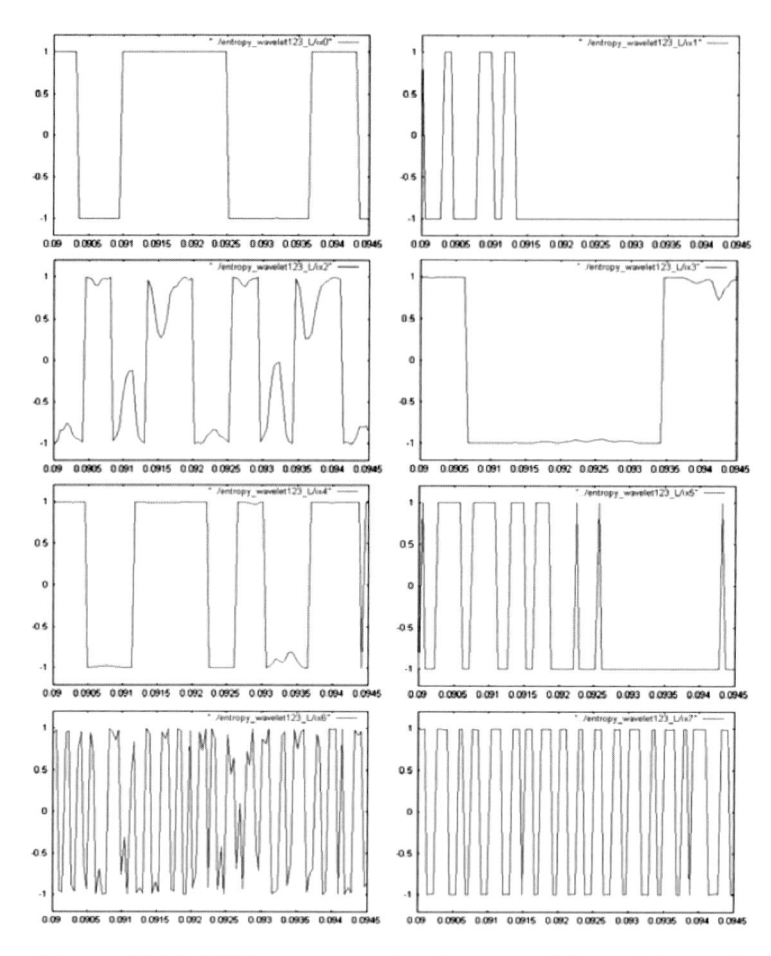

図 5.9 復元音声信号 (ニューラルネットワークの出力, y_1 から y_8：前図との対応において降順になっている)

この時, 混合比は式 (5.8) の行列に示すとおりである.

5.3 ウェーブレット変換を伴うブラインドセパレーションに基づく話者分離

$$F_8 = \begin{pmatrix} 0.65 & 0.05 & 0.05 & 0.05 & 0.05 & 0.05 & 0.05 & 0.05 \\ 0.05 & 0.6 & 0.1 & 0.05 & 0.05 & 0.05 & 0.05 & 0.05 \\ 0.05 & 0.05 & 0.65 & 0.05 & 0.05 & 0.05 & 0.05 & 0.05 \\ 0.1 & 0.1 & 0.1 & 0.3 & 0.1 & 0.1 & 0.1 & 0.1 \\ 0.02 & 0.02 & 0.02 & 0.02 & 0.86 & 0.02 & 0.02 & 0.02 \\ 0.01 & 0.01 & 0.01 & 0.01 & 0.01 & 0.93 & 0.01 & 0.01 \\ 0.06 & 0.05 & 0.04 & 0.03 & 0.02 & 0.01 & 0.69 & 0.01 \\ 0.05 & 0.01 & 0.05 & 0.01 & 0.05 & 0.01 & 0.03 & 0.9 \end{pmatrix} \quad (5.8)$$

また，混合比を種々変えて同様の実験を行ったが，分離はほとんど変化しないことを確認している．

目的音声信号 s_1, s_2 を2から8名の混合信号から分離する際の分離誤差および目的音声信号と復元信号との間の相関係数の評価結果を表5.2に示す．同表には上段に従来手法，下段に提案手法の分離誤差および相関係数を表す．同表から，分離誤差は混合比や混合する話者の人数にはさほど依存しないことがわかる．また，復元後の音声信号と元信号の相関係数は0.9918以上であり，復元音声は元音声と遜色ないことがわかる．さらに，従来手法と比較して提案手法は4〜8.8%の分離性能の向上を達成できていることがわかる．

表 5.2 提案手法による話者分離性能（分離誤差）および目的音声信号と復元信号と相関係数

	s_1	s_2
F_2:従来手法の分離誤差（相関係数）	6.494%(0.9938)	7.861%(0.9918)
F_2:提案手法の分離誤差（相関係数）	6.376%(0.9940)	7.263%(0.9930)
F_4:従来手法の分離誤差（相関係数）	6.470%(0.9938)	7.834%(0.9918)
F_4:提案手法の分離誤差（相関係数）	6.331%(0.9940)	7.249%(0.9930)
F_6:従来手法の分離誤差（相関係数）	6.459%(0.9938)	7.822%(0.9918)
F_6:提案手法の分離誤差（相関係数）	6.316%(0.9940)	7.227%(0.9930)
F_8:従来手法の分離誤差（相関係数）	6.448%(0.9938)	7.811%(0.9918)
F_8:提案手法の分離誤差（相関係数）	6.291%(0.9940)	7.203%(0.9930)

提案手法の分離性能の向上の理由は，ウェーブレット分解後の高周波成分のヒストグラムのガウス性および尖鋭度の向上にあると考えられる．そのため，χ^2 検定によりガウス性の向上度を評価した．ウェーブレット分解後の H_1 および H_2 の分布と正規分布の理論分布との差を用い，棄却率0.05の基準に

て χ^2 値を評価すると，11 から 12 程度であり，10% 程度の差が H_1 と H_2 との間で認められた．この差はほとんどすべての実験条件において認められた．したがって，提案手法は従来手法に比べてガウス性が向上し，その結果として分離度が向上したものと考える．

5.4　4次元ウェーブレット変換による回転加速度移動物体の動的特性抽出手法

交通監視システム等では，移動物体を自動的に検出し，動きベクトルから対象物体の状態を認識する技術が不可欠である．また，ビデオ情報に含まれる特定シーンの検索等の際には，動画像中の動的領域の特定が重要な情報となるため，自動的な動的領域抽出が必要である．ところで，ハインリッヒの法則 (1：29：300 の法則)，バードの法則，タイ/ピアソンの結果等に代表されるように，非正常状態には，重大事故発生状態の他にニアミス等の異状がある．

外界情報をディジタル動画像により取得し，当該画像から回転加速度を有する自動車等車輛の移動物体を抽出し，車輛の後方からの撮像映像から動的特性を把握し，当該車輛の事故予兆を検出し，これを未然に防ぐ方法を概説する．すなわち，本節は事故が発生する前に事故予兆を自動検出し，当該車輛に警告を発することが可能なようにする手法を説明する．

移動物体の検出および追跡手法に関し，基本的な動画像からエッジを抽出し，3次元物体の認識を行い，異なるフレーム間のエッジの相関から当該3次元物体の移動ベクトルをオプティカルフロー等の手法により追跡する．また，テンプレートマッチングに基づく方法により追跡する方法，ウェーブレット多重解像度解析に基づく方法，固有パターン認識に基づく方法，それら手法の応用および発展させた手法等が提案されている．

本節は，回転加速度を有する非対称3次元物体の動的特性を解析することができる手法を，模擬的な実験結果と併せて概説する．

図 5.10 に変化が頻繁に起きるものとそうでない場合の時系列データを例示する．これらのデータにサポート長の長い基底関数に基づくウェーブレット変換を用いて変化点抽出を行った結果を図 5.11 に，また，サポート長の短

5.4 4次元ウェーブレット変換による回転加速度移動物体の動的特性抽出手法

い基底関数に基づくウェーブレット変換を用いて変化点抽出を行った場合の抽出結果を図 5.12 に，それぞれ示す．この場合，変化抽出は，前出の通り，ウェーブレット変換 (分解) 後低周波成分を削除して高周波成分のみを用いてウェーブレット逆変換 (再構成) することにより実現した．

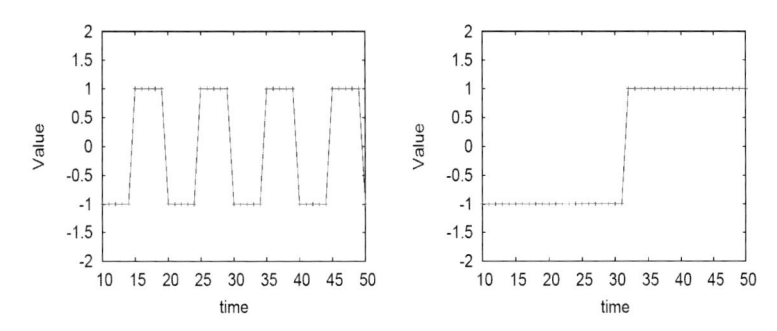

図 5.10 変化が頻繁な場合とさほどでもない場合の時系列データ

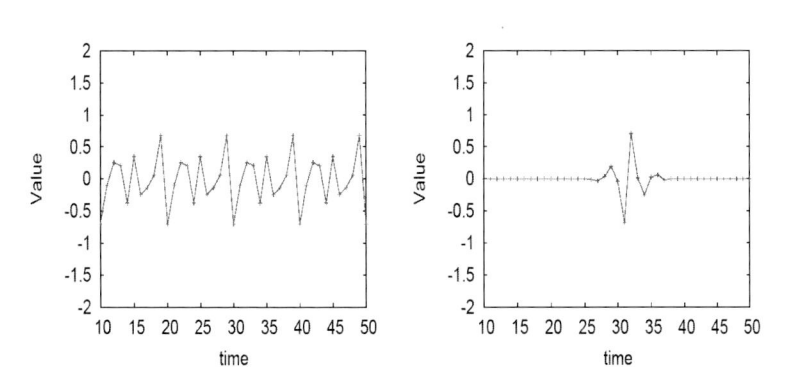

図 5.11 サポート長 8 の Daubechies 基底に基づくウェーブレットによる変化抽出

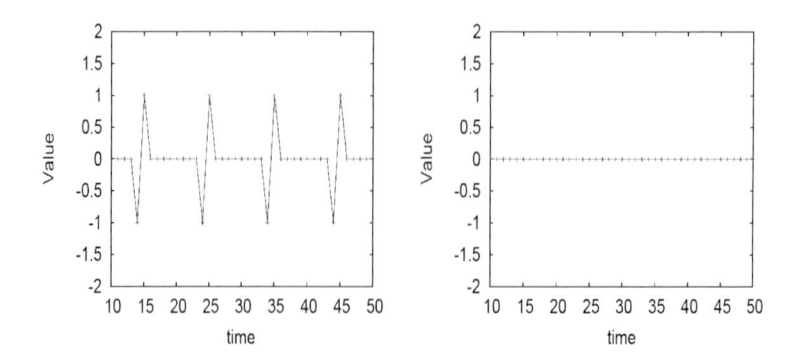

図 5.12 サポート長 2 の Daubechies 基底に基づくウェーブレットによる変化抽出

これらの図より，

1. 頻繁に変動する時系列データに対して比較的長いサポート長の基底関数に基づくウェーブレット変換に基づく変化点抽出を行うと，変化点周辺におけるエッジ強度が強くなる傾向がある．したがって，変化点位置の特定が困難であり，良好な変化点抽出が行えない可能性がある．

2. 対象物体速度とセンサ時間分解能が同程度ではない観測時系列に対してサポート長が短い基底関数を用いて変化点抽出を行った場合，実在する変化点が抽出不可能となる可能性がある．

ことがわかる．これらを回避するため，変化の頻度に応じた最適なサポート長の推定が重要であることがわかる．したがって，事前に回転加速度を有する非対称形状物体の動的特性抽出の際のサポート長の差異の影響を考慮する必要がある．

回転加速度を有する非対称 3 次元物体の動的特性抽出の際のサポート長の差異の影響を考慮するウェーブレット変換を伴う移動物体検出方法を概説する．

与えられたスカラー時系列に対する離散ウェーブレット変換は，低周波成

5.4 4次元ウェーブレット変換による回転加速度移動物体の動的特性抽出手法　**115**

分係数 p_i および高周波成分係数 q_i により構成される正方行列を用いて,

$$C_n \begin{pmatrix} \eta_1 \\ \eta_2 \\ . \\ . \\ \eta_n \end{pmatrix} \tag{5.9}$$

により表される.与えられたスカラー時系列は,ウェーブレット変換により低周波成分および高周波成分に2分割される.

　与えられた離散信号が2次元の場合,まず,対象の2次元データの横方向にフィルタ処理を行い,低周波成分 (L 成分) と高周波成分 (H 成分) の2領域に分割する.次に,この2領域の縦方向にそれぞれフィルタ処理を行う.以上の処理により,対象の2次元データは4分割 (LL 成分・LH 成分・HL 成分・HH 成分) され,2次元ウェーブレット変換は実現される.多次元ウェーブレット変換は,2次元ウェーブレット変換と同様に,各軸にフィルタ処理を行うことにより実現される.さらに,多変量の多次元ウェーブレット変換は,各変量に多次元ウェーブレット変換を施すことにより実現される.

　観測データに対してウェーブレット変換を施すと低周波成分と高周波成分に分割される.ウェーブレット変換後の低周波成分のみを保存することによりデータ圧縮が実現され,ウェーブレット変換後の高周波成分のみに対して逆ウェーブレット変換を施すことにより変化抽出が実現される.

5.4.1　数値実験

　回転加速度を有する非対称形状物体の動画像を例に用いて,ウェーブレット変換に基づく動的特性抽出手法を検討する.実例の一つとしてシャトルコックの動的特性抽出を行うことにより,シャトルコックの状態を識別することを試みる.シャトルコックの状態によりその動的特性は異なる.マザーウェーブレット (基底関数) として,時間軸方向に Daubechies 基底を用いる.

5.4.1.1 使用データ

実験に使用するシャトルコック原画像を図 5.13 に示す．シャトルコックの構成物質による反射特性の相違を考慮するため，回転加速度を有する非対称形状物体の動的特性抽出の際に，ウェーブレット変換における基底関数のサポート長の影響を考慮する必要がある．

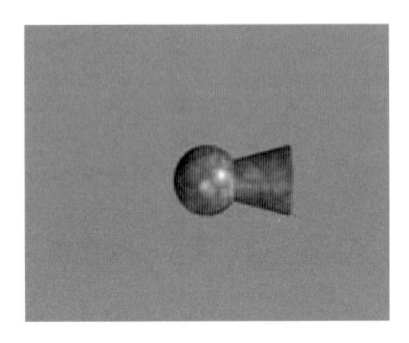

図 5.13 移動三次元物体の例としたシャトルコックモデル

対象物体の回転自由度はロール，ヨウ，ピッチである．図 5.13 のシャトルコックをピッチング，ヨーイングさせた場合の画像をそれぞれ図 5.14, 5.15 に示す．ロール方向は紙面と直交方向であり，画像では変化がないため，あえて示していない．

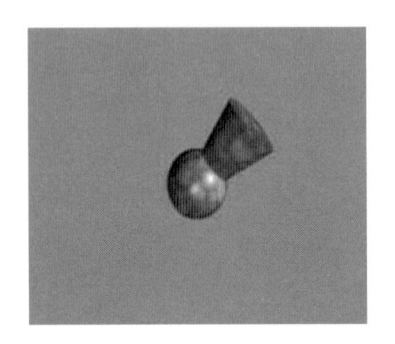

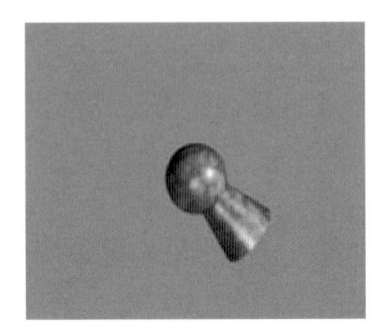

図 5.14 シャトルコックモデルをピッチングさせた場合の例

5.4 4次元ウェーブレット変換による回転加速度移動物体の動的特性抽出手法   117

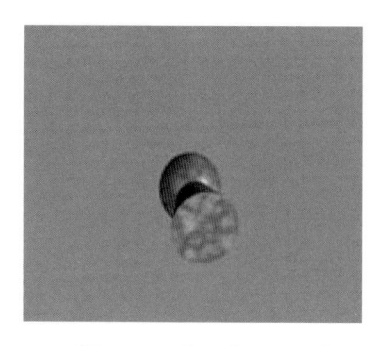

図 5.15 シャトルコックモデルをヨーイングさせた場合の例

5.4.1.2 実験方法

以下に示す 4 通りのケースについて実験を試みる. すなわち,

1. 平行移動のみ (回転なし)
2. 回転のみ (平行移動なし)
3. 速度の遅い回転, 平行移動
4. 速度の速い回転, 平行移動

である. それぞれのケースにおける時系列画像データを図 5.16 に示す.

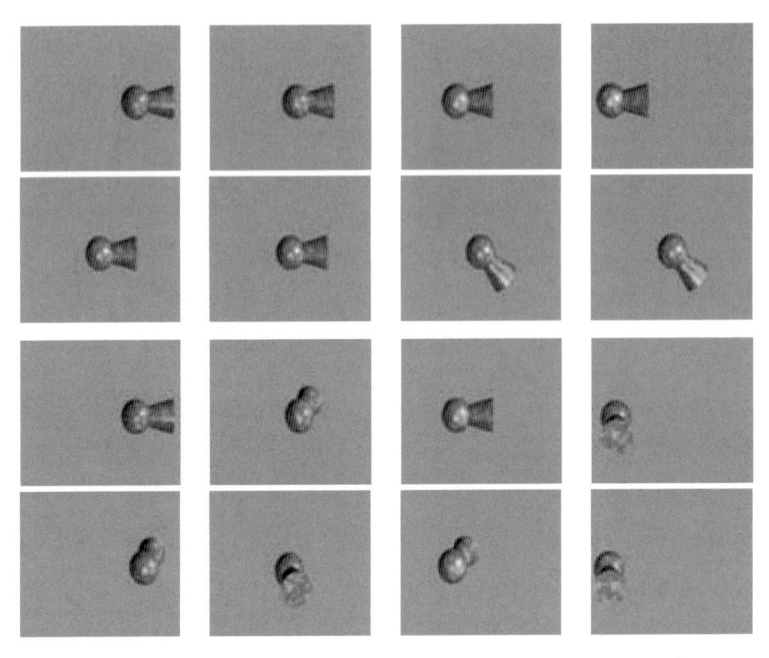

| フレーム 1, | フレーム 2, | フレーム 3, | フレーム 4 |

図 5.16 4 ケースの移動物体のフレーム画像 (上からケース 1, 2, 3, 4)

5.4.1.3 実験結果

それぞれのケースの画像に対して 3 次元ウェーブレット多重解像度解析を施し,得られた LLL1 成分にゼロを代入して再構成することによってエッジ抽出を試みる.その結果を図 5.17 に示す.

5.4 4次元ウェーブレット変換による回転加速度移動物体の動的特性抽出手法 119

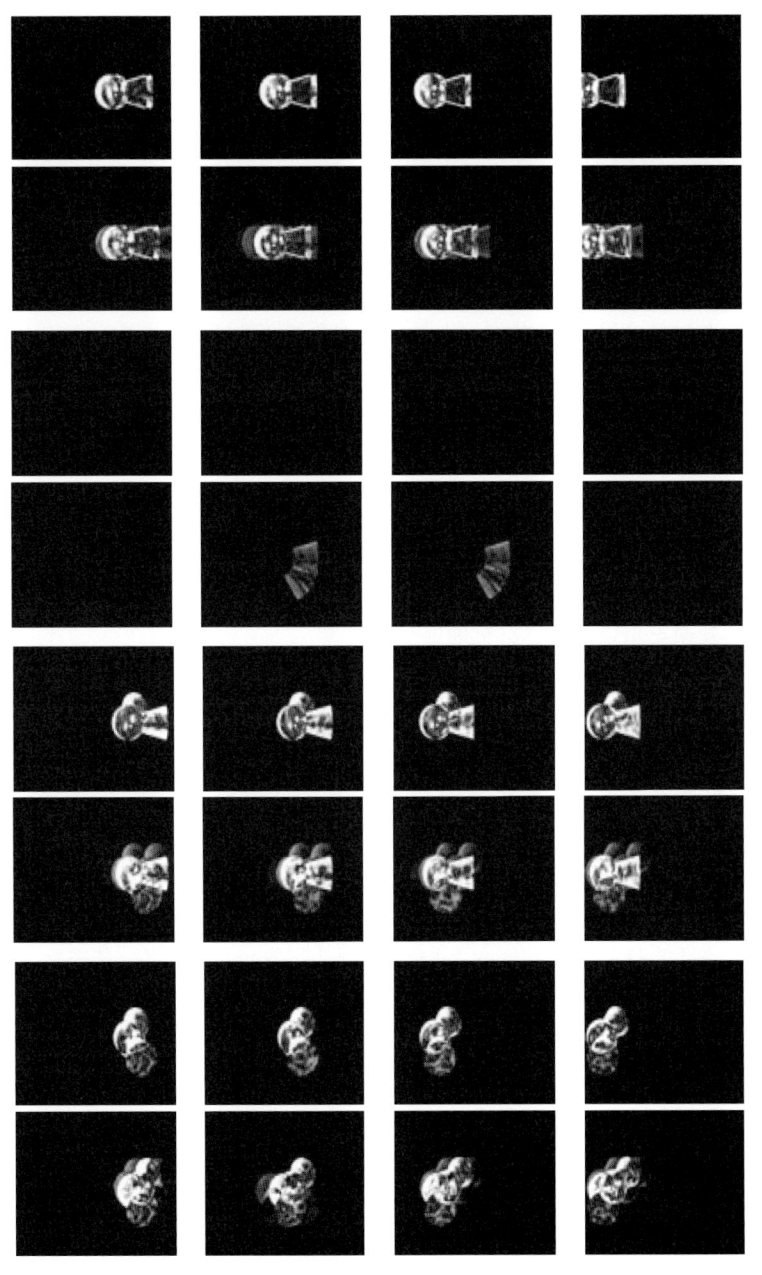

図 **5.17** 4ケースの移動物体のフレーム画像 (上からケース 1, 2, 3, 4)

図中上から順に，

1. ケース1に対し，サポート長が2の基底関数に基づくウェーブレット変換を用いてエッジを抽出した画像
2. ケース1に対し，サポート長が8の基底関数に基づくウェーブレット変換を用いる場合の抽出エッジ画像
3. ケース2に対し，サポート長が2の基底関数に基づくウェーブレット変換を用いてエッジを抽出した画像
4. ケース2に対し，サポート長が8の基底関数に基づくウェーブレット変換を用いる場合の抽出エッジ画像
5. ケース3に対し，サポート長が2の基底関数に基づくウェーブレット変換を用いてエッジを抽出した画像
6. ケース3に対し，サポート長が8の基底関数に基づくウェーブレット変換を用いる場合の抽出エッジ画像
7. ケース4に対し，サポート長が2の基底関数に基づくウェーブレット変換を用いてエッジを抽出した画像
8. ケース4に対し，サポート長が8の基底関数に基づくウェーブレット変換を用いる場合の抽出エッジ画像

である．

ケース1に対し，サポート長が長い場合，抽出エッジがゴースト状に検出されてしまい，変化点位置が不正確になる傾向が見られる．ケース2は回転のみの変化であり，フレーム2から3にかけてピッチングしている例である．フレーム1,2およびフレーム3,4間の回転はない．この場合，サポート長が2では時間軸方向のウェーブレット変換が有効ではなく，まったく変化点抽出ができないことがわかる．また，サポート長が8の場合は，変化の前後，すなわち，フレーム2,3にサポート長の影響により，抽出エッジ画像のフレーム2,3にエッジが検出されている．また，ケース3のように回転と平行移動が比較的ゆっくりと起きるような移動物体に対し，比較的短いサポート長の基底関数に基づくウェーブレット変換の場合は，エッジ抽出が良好であるが，サポート長が長い場合は困難であることがわかる．さらに，ケース4のような

回転と平行移動が比較的急峻に起きるような場合は，サポート長の相違によるエッジ抽出の困難さが顕著に現れ，サポート長の長い場合の抽出エッジの位置は不正確になる傾向がある．

　これらの図より，頻繁に変動する時系列データに対して比較的長いサポート長の基底関数に基づくウェーブレット変換に基づく変化点抽出を行うと，変化点周辺におけるエッジ強度がより強くなる傾向があることがわかる．したがって，この場合，変化点位置の特定が困難であり，良好な変化点抽出が行えない可能性がある．また，対象物体速度とセンサ時間分解能が同程度ではない観測時系列に対してサポート長が短い基底関数を用いて変化点抽出を行った場合，実在する変化点が抽出不可能となる可能性があることがわかる．

　本節は，シャトルコックの動画像を例に用いてエッジ抽出の際のウェーブレット変換の有効性，用いるウェーブレット基底関数のサポート長の最適化が必要であることを示した．すなわち，一般に，急峻な動きを伴う3次元移動物体の追跡にはサポート長の短い基底関数に基づくウェーブレット多重解像度解析によるエッジ抽出が有効であるが，あまり短過ぎるとフレーム間において当該3次元移動物体の探索範囲にサポート長が対応できず，追跡が困難になる可能性がある．一方，移動追跡にはエッジのある程度正確な位置情報が必要不可欠であるが，この目的のためにはサポート長が長過ぎると不正確になる傾向がある．したがって，両要求を満たす最適なサポート長を選択する必要がある．すなわち，フレーム間の探索範囲に収まる程度に短いサポート長の基底関数に基づくウェーブレット多重解像度解析によるエッジ抽出が最善であることがわかる．

5.5　降雨量の3次元分布を観測する衛星データのエッジ抽出

5.5.1　エッジ抽出法

　観測データに2次元ウェーブレット変換を適用する．多重解像度解析により生成された，LL，LH，HL，HHの4種類の画像は，LH，HLには縦および横のエッジ成分が，また，HHには縦横，両方のエッジ成分が含まれている．降雨量の3次元分布を示す画像から降雨強度が急峻に変化する境界を抽出する

ため, 2次元ウェーブレット変換後の画像の低周波成分を0にして, 逆ウェーブレット変換を施して再構成することにした. また, 観測データにはノイズが混入しているため, ノイズ除去を施した画像に対してエッジ抽出を適用することも試行した.

5.5.2 実験結果

図 5.18 に降雨強度の3次元分布のある時刻における2次元断面を示す. これに Haar および Daubechies の基底関数に基づく2次元ウェーブレット変換を施した画像を図 5.19, 5.20 に, それぞれ示す. これらに逆ウェーブレット変換を施し, 再構成した画像を図 5.21 に示す[*1]. Haar 基底関数に基づくウェーブレット変換によるエッジ強調を行った画像と, ノイズ除去をあらかじめ行った後にエッジを強調した画像を図 5.22, 5.23 にそれぞれ示す. また, Daubechies 基底関数に基づくウェーブレット変換によるエッジ強調を行った画像と, ノイズ除去をあらかじめ施した後にエッジを強調した画像を図 5.24, 5.25 にそれぞれ示す.

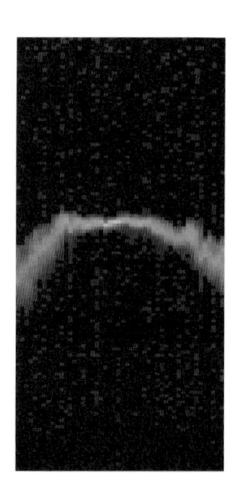

図 5.18　進行方向1番目の観測データ

[*1] 再構成した画像は Haar, Daubechies 共に原画像との RMS 誤差を取ったところ誤差0で復元されたため1種類だけ載せている.

5.5 降雨量の3次元分布を観測する衛星データのエッジ抽出　　**123**

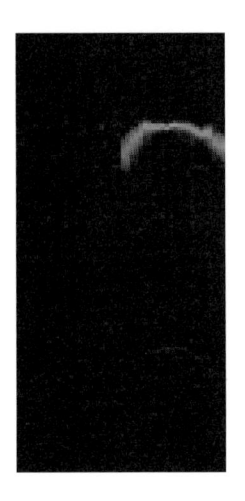

図 5.19　図 5.18 の Haar 基底関数に基づくウェーブレット変換画像

図 5.20　図 5.18 の Daubechies 基底関数に基づくウェーブレット変換画像

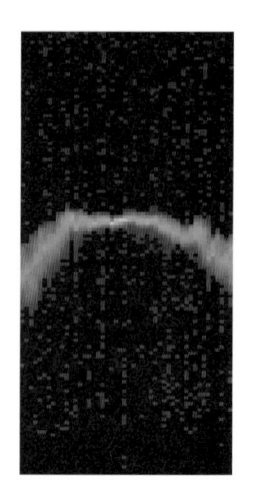

図 5.21　ウェーブレット変換画像を逆変換し復元した画像

図 5.22　Haar 基底関数に基づくウェーブレット変換にてエッジを強調した画像

5.5 降雨量の3次元分布を観測する衛星データのエッジ抽出　　**125**

図 **5.23**　Haar ウェーブレット変換に基づくエッジ強調 (ノイズ除去)

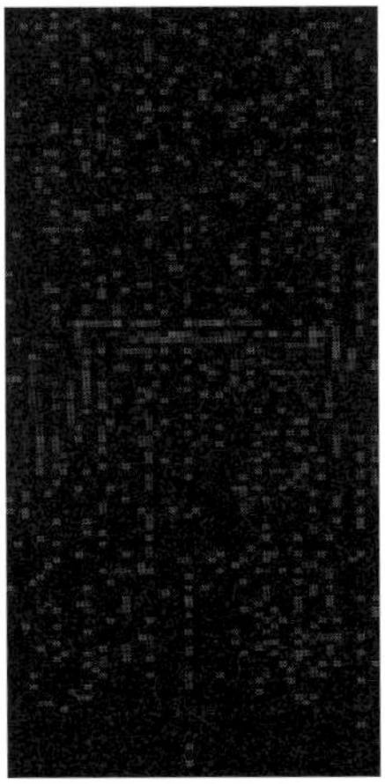

図 **5.24**　Daubechies ウェーブレット変換に基づくエッジ強調

図 5.25 Daubechies ウェーブレット変換に基づくエッジ強調 (ノイズ除去)

5.5.3 考　察

　Haar と Daubechies 基底関数に基づくウェーブレット変換によるエッジ抽出の結果はさほど差異が見られない．一方，ノイズ除去の効果は明白である．

　原画像におけるエッジがあまり急峻でない場合は，サポート長が 2 以上のウェーブレット変換が有効である．抽出すべきエッジスロープに応じたサポート長の設定が重要である．

5.6　ウェーブレット多重解像度解析による画像のエッジ抽出プログラム例

```
/*
 *-----------------------------------------
 *    ウェーブレット解析 (逆ウェーブレットも含む)    *
 *-----------------------------------------
 */
#include<stdio.h>
#include<math.h>
#include<stdlib.h>
#define DPTH 140      // 深さ方向
#define SRCH 49       // サーチ方向
#define PRGS 2127     // 進行方向
#define TATE 145      // 深さ方向分の配列の長さ
```

5.6 ウェーブレット多重解像度解析による画像のエッジ抽出プログラム例　　**127**

```c
#define YOKO 55      // サーチ方向分の配列の長さ
#define TIME 5       // 進行方向分の配列の長さ
#define HAAR 0.5          // Harr を生成する為の大域変数
void wv1(double *ex1, double *tmp1, double *ans1);
void wv2(double *ex2, double *tmp2, double *ans2);
void rvwv3(double *ex3, double *tmp3);
void rvwv4(double *ex4, double *tmp4);
int main(void)
  {
  int pri,prj,prk;  // 衛星データを格納する（開く）為のポインタ
  int i,j;
  double stlt[TATE][YOKO][TIME]; // 衛星データを 3 次元形式で格納する配列
  double stwvhl[TATE][YOKO][TIME]; // 1 次元 wavelet を高周波と低周波に分けたも
の（上下）を格納する配列
  double stwvnb[TATE][YOKO][TIME]; //分離してない 1 次元データ
  double stwvnb2[YOKO][TATE][TIME];//分離してない 2 次元データ（転置）
  double stwvnb3[TATE][YOKO][TIME];//分離してない 2 次元データ
  double stwv1t[YOKO][TATE][TIME]; // 1 次元 wavelet をかけた stwvhl の転置を格納
するための配列
  double stwvhl2[YOKO][TATE][TIME]; // 2 次元 wavelet を高周波と低周波に分けたも
の（左右）を格納する配列
  double stwv2[TATE][YOKO][TIME]; // 2 次元 wavelet をかけた最終的な値を格納する
配列
  double stwv3[TATE][YOKO][TIME]; // 低周波成分を 0 にしたものを格納する配列
  double stwv3t[YOKO][TATE][TIME];// stwv3 を転置するための配列
  double stwv3trvs[YOKO][TATE][TIME]; //エッジ強調の方の逆ウェーブレットをかけた
配列を格納する為の配列
  double stwv4[TATE][YOKO][TIME]; // 低周波成分を 0 にしたものを逆変換し最終的に
格納する配列
  double stwv5[TATE][YOKO][TIME]; //エッジ強調の方の分離する前のデータを格納する
ための配列
  double stwv6[TATE][YOKO][TIME]; //(2 次元 wavelet をして)エッジ強調した最終デー
タを格納する配列
  int stwv256[TATE][YOKO][TIME]; // 衛星データを wavelet 解析したものを 256 階調
に変換したものを格納する配列
  double strvt[YOKO][TATE][TIME]; // 2 次元 wavelet をかけたものを転置する為の配
列
  double strvtnb[YOKO][TATE][TIME]; // 2 次元 wavelet をかけたものを転置したもの
を分ける前の配列にする為の配列
  double stwvhl3[YOKO][TATE][TIME]; // 1 次元の逆 wavelet をかけたデータ（転置）
  double strv1[TATE][YOKO][TIME]; // 1 次元の逆 wavelet をかけたデータ
  double strv2[TATE][YOKO][TIME]; // 2 次元逆 wavelet の為の分離前のデータを格納
するための配列
  double stltrv[TATE][YOKO][TIME]; // 2 次元の逆 wavelet をかけ復元された衛星デー
タ
  int strv256[TATE][YOKO][TIME]; // 復元した衛星データを 256 階調に変換するものを
格納する配列
  char tmp[15];  // 衛星データを文字列として一時的に格納する為の配列
  double ex1[TATE];  // 1 次元配列にした衛星データ（縦方向）
  double tmp1[TATE]; // Harr をかけただけの配列
  double ans1[TATE]; // 高周波と低周波に分けたあとのデータ（縦方向）
```

第 5 章 適用例

```
      double ex2[YOKO];   // 1 次元配列にした衛星データ（横方向）
      double tmp2[YOKO];  // Harr をかけただけの配列
      double ans2[YOKO];  // 高周波と低周波に分けたあとのデータ（横方向）
      double ex3[YOKO];   // 1 次元配列にした 2 次元 wavelet を施した衛星データ（横方向）
      double tmp3[YOKO];  // wavelet と衛星データの積を格納
      double ex4[TATE];   // 1 次元配列にした 2 次元 wavelet を施した衛星データ（縦方向）
      double tmp4[TATE];  // 逆 wavelet と衛星データの積を格納
      FILE *fpPR;
      FILE *fppw;
      double prptr;
      FILE *fppw1;
      int prptr1;
      double rms=0.0;
      /* 衛星データが格納されているファイルを開く */
      if((fpPR = fopen("T1PR2003042030950_1C21K0005.01_namaz","r")) == NULL){
        printf("衛星データが格納されたファイル T1PR2003042030950_1C21K0005.01_namaz
が開けません。\n");
        exit(1);
      }
      else{
        for(pri=0;pri < TIME; pri++){    // 進行方向は必要なだけで OK(何個でも境界線
が分かれば OK)
          for(prj=0; prj < SRCH; prj++){  //  サーチ方向 (49 個)
            for(prk=0; prk < DPTH; prk++){  //  深さ方向 (140 個)
              if(prj!=48){
                fscanf(fpPR,"%s ",tmp);
                stlt[prk][prj][pri]=(double)atof(tmp);
                if(stlt[prk][prj][pri] < 0.0 )
                  stlt[prk][prj][pri]=0.0;
              }else{
                fscanf(fpPR,"%s ",tmp);
              }
            }
          }
        }
      }
      fclose(fpPR);
      /* wavelet 変換 */
      for(j=0; j < SRCH-1; j++){
        for(i=0; i < DPTH; i++){
          ex1[i] = stlt[i][j][0];
        }
        wv1(ex1, tmp1, ans1);
        for(i=0; i< DPTH; i++){
          stwvhl[i][j][0] = ans1[i];
        }
      }
      /* 転置する */
      for(j=0; j < SRCH-1; j++){
        for(i=0; i < DPTH; i++){
          stwv1t[j][i][0]=stwvhl[i][j][0];
```

5.6 ウェーブレット多重解像度解析による画像のエッジ抽出プログラム例

```
    }
  }
  /* 2 次元の wavelet 変換 */
  for(j=0; j < DPTH; j++){
    for(i=0; i < SRCH-1; i++){
      ex2[i] = stwv1t[i][j][0];
    }
    wv2(ex2, tmp2, ans2);
    for(i=0; i < SRCH-1; i++){
      stwvnb2[i][j][0] = tmp2[i];    // 分離する前の配列
      stwvhl2[i][j][0] = ans2[i];
    }
  }
  /* 転置して元に戻す */
  for(i=0; i < SRCH-1; i++){
    for(j=0; j < DPTH; j++){
      stwv2[j][i][0]=stwvhl2[i][j][0];
    }
  }
  /* 低周波成分を 0 にする */
  for(i=0; i < (SRCH-1)/2; i++){
    for(j=0; j < DPTH/2; j++){
      stwv2[j][i][0]=0.0;
    }
  }
  /* 偶数, 奇数で分ける前の配列に変換 (1 回目) */
  for(i=0; i < SRCH-1; i++){
    for(j=0; j < DPTH; j++){
      if(i%2==0)
        stwv3[j][i][0]=stwv2[j][i/2][0];
      else
        stwv3[j][i][0]=stwv2[j][i/2+(SRCH-1)/2][0];
    }
  }
  /* 転置する */
  for(j=0; j < SRCH-1; j++){
    for(i=0; i < DPTH; i++){
      stwv3t[j][i][0]=stwv3[i][j][0];
    }
  }
  /* 逆 wavelet 変換 (横方向) */
  for(j=0; j < DPTH/2; j++){
    for(i=0; i < SRCH-1; i++){
      ex3[i] = stwv3t[i][j][0];
    }
    rvwv3(ex3, tmp3);
    for(i=0; i < SRCH-1; i++){
      stwv3trvs[i][j][0] = tmp3[i];
    }
  }
  for(j=DPTH/2; j < DPTH; j++){
```

第 5 章　適用例

```
      for(i=0; i < SRCH-1; i++){
        ex3[i] = stwv3t[i][j][0];
      }
        rvwv3(ex3, tmp3);
        for(i=0; i < SRCH-1; i++){
          stwv3trvs[i][j][0] = tmp3[i];
        }
    }
    /* 転置して低周波を 0 にしたデータを逆 wavelet をかけた後の配列を転置して元に戻す */
    for(i=0; i < SRCH-1; i++){
      for(j=0; j < DPTH; j++){
        stwv4[j][i][0]=stwv3trvs[i][j][0];
      }
    }
    /* 偶数, 奇数で分ける前の配列に変換 (2 回目) */
    for(i=0; i < SRCH-1; i++){
      for(j=0; j < DPTH; j++){
        if(j%2==0){
          stwv5[j][i][0]=stwv4[j/2][i][0];
        }else{
          stwv5[j][i][0]=stwv4[j/2+DPTH/2][i][0];
        }
      }
    }
    /* 逆 wavelet 変換 (縦方向) */
    for(j=0; j < SRCH-1; j++){
      for(i=0; i < DPTH; i++){
        ex4[i] = stwv5[i][j][0];
      }
        rvwv4(ex4, tmp4);
        for(i=0; i < DPTH; i++){
          stwv6[i][j][0] = tmp4[i];
        }
    }
    /* wavelet 変換したデータを 256 階調に変換 */
    for(prj=0; prj < SRCH-1; prj++){
      for(prk=0; prk < DPTH; prk++){
        if(stwv6[prk][prj][0] < 0)
          stwv256[prk][prj][0] = 0;
        else
          stwv256[prk][prj][0] = (int)((255/100.9)*stwv6[prk][prj][0]);
      }
    }
    /* 256 階調化したデータをファイルに書き込む */
    if((fppw = fopen("PR_waveHRrvsEnml.pgm","w")) == NULL){
        printf("ファイルが開けません。\n");
        exit(1);
    }
      fprintf(fppw,"P5\n140 48\n255\n");
      for(j=0; j < SRCH-1; j++){
        for(i=0; i < DPTH; i++){
```

5.6 ウェーブレット多重解像度解析による画像のエッジ抽出プログラム例

```
        prptr=sqrt(stwv256[i][j][0]*stwv256[i][j][0]);
        fputc(prptr,fppw);
      }
    }
    fclose(fppw);
    /* RMS 誤差 */
    for(j=0; j < SRCH-1; j++){
      for(i=0; i < DPTH; i++){
        rms+=(stlt[i][j][0]-stwv6[i][j][0])*(stlt[i][j][0]-stwv6[i][j][0]);
      }
    }
    rms/=(double)DPTH;
    rms/=(double)(SRCH-1);
    rms=sqrt(rms);
    printf("%lf \n",rms);
    /* 逆ウェーブレット変換をかけて誤差 0 でもとに戻ることの確認 */
    /* 転置する */
    //    for(j=0; j < SRCH-1; j++){
      //      for(i=0; i < DPTH; i++){
      //        strvt[j][i][0]=stwvnb3[i][j][0];
      // }
      // }
    //   /* 分割する前の配列に置きなおす */
    //    for(i=0; i < DPTH; i++){
      //      for(j=0; j < SRCH-1; j++){
      //        if(j%2==0){
      //    strvtnb[j][i][0]=strvt[j/2][i][0];
      // }else{
      //    strvtnb[j][i][0]=strvt[j/2+DPTH/2][i][0];
      // }
        // }
      // }
    /* 逆 wavelet 変換 (横方向) */
    for(j=0; j < DPTH; j++){
      for(i=0; i < SRCH-1; i++){
        ex3[i] = stwvnb2[i][j][0];
      }
      rvwv3(ex3, tmp3);
      for(i=0; i < SRCH-1; i++){
        stwvhl3[i][j][0] = tmp3[i];
      }
    }
    /* 転置して元に戻す */
    for(i=0; i < SRCH-1; i++){
      for(j=0; j < DPTH; j++){
        strv1[j][i][0]=stwvhl3[i][j][0];
      }
    }
    /* 偶数, 奇数で分ける前の配列に変換 (2 回目) */
    for(i=0; i < SRCH-1; i++){
      for(j=0; j < DPTH; j++){
```

```
      if(j%2==0){
        strv2[j][i][0]=strv1[j/2][i][0];
      }else{
        strv2[j][i][0]=strv1[j/2+DPTH/2][i][0];
      }
    }
  }
  /* 逆 wavelet 変換 (縦方向) */
  for(j=0; j < SRCH-1; j++){
    for(i=0; i < DPTH; i++){
      ex4[i] = strv2[i][j][0];
    }
      rvwv4(ex4, tmp4);
      for(i=0; i < DPTH; i++){
        stltrv[i][j][0] = tmp4[i];
      }
  }
  /* 逆 wavelet 変換したデータを 256 階調に変換 */
  for(prj=0; prj < SRCH-1; prj++){
    for(prk=0; prk < DPTH; prk++){
        strv256[prk][prj][0] = (int)((255/100.9)*stltrv[prk][prj][0]);
    }
  }
  /* 256 階調化したデータをファイルに書き込む */
  if((fppw1 = fopen("PR_wavervs.pgm","w")) == NULL){
    printf("ファイルが開けません。\n");
    exit(1);
  }
  fprintf(fppw1,"P5\n140 48\n255\n");
  for(j=0; j < SRCH-1; j++){
    for(i=0; i < DPTH; i++){
      prptr1=(int)sqrt(strv256[i][j][0]*strv256[i][j][0]);
      fputc(prptr1,fppw1);
    }
  }
  fclose(fppw1);
  /* RMS 誤差 */
  for(j=0; j < (SRCH-1); j++){
    for(i=0; i < DPTH; i++){
      rms += (stlt[i][j][0]-stltrv[i][j][0])*(stlt[i][j][0]-stltrv[i][j][0]);
    }
  }
  rms /= (double)DPTH;
  rms /= (double)(SRCH-1);
  rms = sqrt(rms);
  printf("%lf \n",rms);
  }
/* 縦方向の wavelet */
void wv1(double *ex1, double *tmp1, double *ans1)
  {
  int i,k,p,q;
```

5.6 ウェーブレット多重解像度解析による画像のエッジ抽出プログラム例

```
    double wvlt1[TATE][TATE];    // wavelet を格納するための配列
    double tmpwvlt1;
    double DBCH=1/sqrt(2);
    /* wavelet を格納する配列を初期化 */
    for(p=0; p < DPTH; p++){
      for(q=0; q < DPTH; q++){
        wvlt1[q][p]=0.0;
      }
    }
    /* wavelet を生成 (仮に Harr) */
    for(i=0; i < DPTH/2; i++){
      wvlt1[2*i][2*i]=(double)HAAR;
      wvlt1[2*i+1][2*i]=(double)HAAR;
      wvlt1[2*i][2*i+1]=(double)HAAR;
      wvlt1[2*i+1][2*i+1]=(double)(-1)*HAAR;
    }
    /* wavelet と衛星データの積を求める */
    for(i=0; i < DPTH; i++){
      tmp1[i]=0.0;
      for(k=0; k < DPTH; k++)
        tmp1[i] += wvlt1[i][k]*ex1[k];
    }
    /* 高周波と低周波に分解 (上下) */
    for(i=0; i < DPTH; i++){
      if(i%2==0){
        ans1[i/2]=tmp1[i];
      }else{
        ans1[i/2+DPTH/2]=tmp1[i];
      }
    }
    }
/* 横方向の wavelet */
void wv2(double *ex2, double *tmp2, double *ans2)
    {
    int i,k,p,q;
    double wvlt2[YOKO][YOKO];    // wavelet を格納するための配列
    double tmpwvlt2;
    double DBCH=1/sqrt(2);
    /* wavelet を格納する配列を初期化 */
    for(p=0; p < SRCH-1; p++){
      for(q=0; q < SRCH-1; q++){
        wvlt2[q][p]=0.0;
      }
    }
    /* wavelet を生成 (仮に Harr) */
    for(i=0; i < (SRCH-1)/2; i++){
      wvlt2[2*i][2*i]=(double)HAAR;
      wvlt2[2*i+1][2*i]=(double)HAAR;
      wvlt2[2*i][2*i+1]=(double)HAAR;
      wvlt2[2*i+1][2*i+1]=(double)(-1)*HAAR;
    }
```

134　第5章　適用例

```c
    /* wavelet と衛星データの積を求める */
    for(i=0; i < SRCH-1; i++){
      tmp2[i]=0.0;
      for(k=0; k < SRCH-1; k++)
        tmp2[i] += wvlt2[i][k]*ex2[k];
    }
    /* 高周波と低周波に分解 (左右) */
    for(i=0; i < SRCH-1; i++){
      if(i%2==0){
        ans2[i/2]=tmp2[i];
      }else{
        ans2[(i/2)+(SRCH-1)/2]=tmp2[i];
      }
    }
  }
/* 横方向の逆 wavelet */
void rvwv3(double *ex3, double *tmp3)
  {
  int i,k,p,q;
  double wvlt3[YOKO][YOKO];   // wavelet を格納するための配列
  double tmpwvlt3;
  double DBRV=sqrt(2)/2;
  /* wavelet を格納する配列を初期化 */
  for(p=0; p < SRCH-1; p++){
    for(q=0; q < SRCH-1; q++){
      wvlt3[q][p]=0.0;
    }
  }
  /* 逆 wavelet を生成 */
  for(i=0; i < (SRCH-1)/2; i++){
    wvlt3[2*i][2*i]=1.0;
    wvlt3[2*i+1][2*i]=1.0;
    wvlt3[2*i][2*i+1]=1.0;
    wvlt3[2*i+1][2*i+1]=(-1.0);
  }
  /* 逆 wavelet と衛星データの積を求める */
  for(i=0; i < SRCH-1; i++){
    tmp3[i]=0.0;
    for(k=0; k < SRCH-1; k++)
      tmp3[i] += wvlt3[i][k]*ex3[k];
  }
  }
/* 縦方向の逆 wavelet */
void rvwv4(double *ex4, double *tmp4)
  {
  int i,k,p,q;
  double wvlt4[TATE][TATE];   // 逆 wavelet を格納するための配列
  double tmpwvlt4;
  double DBRV=sqrt(2)/2;
  /* 逆 wavelet を格納する配列を初期化 */
  for(p=0; p < DPTH; p++){
```

5.6 ウェーブレット多重解像度解析による画像のエッジ抽出プログラム例   **135**

```
      for(q=0; q < DPTH; q++){
        wvlt4[q][p]=0.0;
      }
  }
  /* 逆 wavelet を生成 */
  for(i=0; i < DPTH/2; i++){
    wvlt4[2*i][2*i]=1.0;
    wvlt4[2*i+1][2*i]=1.0;
    wvlt4[2*i][2*i+1]=1.0;
    wvlt4[2*i+1][2*i+1]=(-1.0);
  }
  /* 逆 wavelet と衛星データの積を求める */
  for(i=0; i < DPTH; i++){
    tmp4[i]=0.0;
    for(k=0; k < DPTH; k++)
      tmp4[i]  += wvlt4[i][k]*ex4[k];
  }
}
```

第6章

総合問題と解答

問題1

サポート長 $sup = 8$ の Daubechies 基底の係数 $\{p_k\}$ および係数 $\{q_k\}$ をニュートン法により求めよ．また，その計算過程を示せ．なお，ニュートン法の初期値は原点 O からとし，反復終了条件は $\epsilon < 10^{-8}$ とする．

解答例1

Daubechies 基底の係数 $\{p_k\}$ および係数 $\{q_k\}$ による行列を $C_n^{[sup]}$ とする．Daubechies 基底のサポート長 sup に関して，

$$\left(C_n^{[sup]}\right)^T \cdot C_n^{[sup]} = I_n \tag{6.1}$$

$$\sum_{j=0}^{sup-1} p_j = \sqrt{2} \tag{6.2}$$

$$q_j = (-1)^j p_{((sup-1)-j)} \tag{6.3}$$

$$\left(j = 0, 1, 2, ..., (sup-1)\right)$$

$$\sum_{j=0}^{sup-1} j^r q_j = 0 \tag{6.4}$$

$$\left(r = 0, 1, 2, ..., (\frac{sup}{2} - 1)\right)$$

の連立方程式を解くことによりウェーブレット変換を行うための係数 p_i および係数 q_i を決定することができる．すなわち，

第 6 章 総合問題と解答

$$\begin{cases} p_0^2 + p_1^2 + p_2^2 + p_3^2 + p_4^2 + p_5^2 + p_6^2 + p_7^2 = 1 \\ p_0p_2 + p_1p_3 + p_2p_4 + p_3p_5 + p_4p_6 + p_5p_7 = 0 \\ p_0p_4 + p_1p_5 + p_2p_6 + p_3p_7 = 0 \\ p_0p_6 + p_1p_7 = 0 \\ p_0 + p_1 + p_2 + p_3 + p_4 + p_5 + p_6 + p_7 = \sqrt{2} \\ p_0 - p_1 + p_2 - p_3 + p_4 - p_5 + p_6 - p_7 = 0 \\ 0p_7 - 1p_6 + 2p_5 - 3p_4 + 4p_3 - 5p_2 + 6p_1 - 7p_0 = 0 \\ 0p_7 - 1p_6 + 4p_5 - 9p_4 + 16p_3 - 25p_2 + 36p_1 - 49p_0 = 0 \\ 0p_7 - 1p_6 + 8p_5 - 27p_4 + 64p_3 - 125p_2 + 216p_1 - 343p_0 = 0 \end{cases} \quad (6.5)$$

を解けばよい.

各ステップの Newton 法による係数 p_i の値は, 表 6.1 となる.

表 6.1 各ステップの Newton 法による係数

	p_0	p_1	p_2	p_3	p_4	p_5	p_6	p_7
0	0.000	0.000	0.000	0.000	0.000	0.000	0.000	0.000
1	-0.146	-0.331	0.0166	0.597	0.575	0.298	0.000	0.0028
2	-0.150	-0.245	0.367	0.951	0.494	-0.035	-0.0012	0.039
3	-0.096	-0.098	0.437	0.836	0.377	-0.061	-0.011	0.030
4	-0.079	-0.040	0.489	0.811	0.313	-0.095	-0.015	0.031
5	-0.076	-0.029	0.498	0.804	0.298	-0.100	-0.013	0.032
6	-0.076	-0.030	0.498	0.804	0.298	-0.099	-0.013	0.032
7	-0.076	-0.030	0.498	0.804	0.298	-0.099	-0.013	0.032

また,

$$(p_0, p_1, p_2, p_3, p_4, p_5, p_6, p_7)$$
$$= (-0.075766, -0.029636, 0.497619, 0.803739,$$
$$0.297858, -0.099220, -0.012604, 0.032223) \quad (6.6)$$

となる. なお,

$$q_j = (-1)^j p_{((sup-1)-j)} \quad (6.7)$$
$$\left(j = 0, 1, 2, ..., (sup - 1) \right)$$

である.

問題 2

求められた係数 $\{p_k\}$ および係数 $\{q_k\}$ によるウェーブレット変換は, 可逆であることを示せ.

解答例 2

$$det\left(C_n^{[sup]}\right) \neq 0 \tag{6.8}$$

ないし,

$$\left(C_n^{[sup]}\right)^T \cdot C_n^{[sup]} = I_n \tag{6.9}$$

であることを数値的に示せばよい.

問題 3

求められた係数 $\{p_k\}$ および係数 $\{q_k\}$ を用いて, 与えられた観測データに対してウェーブレット変換を多段 (3 回まで) に施し, データ圧縮を行え. また, ウェーブレット変換を多段に施した結果を示せ.

解答例 3

観測データに対してウェーブレット変換を施すと L1 成分および H1 成分は,

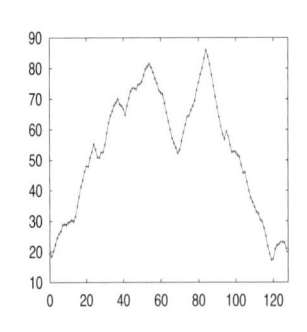

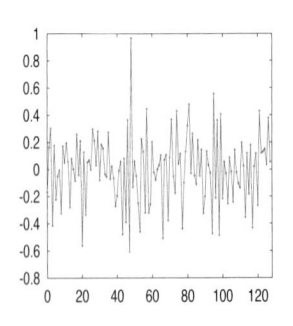

図 6.1 L1 成分および H1 成分

となり，この低周波 (L1) 成分に対してウェーブレット変換を施すと L2 成分および H2 成分は，

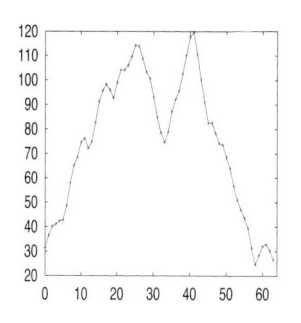

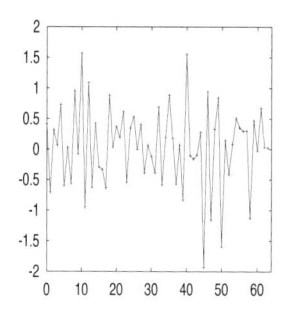

図 6.2 L2 成分および H2 成分

となる．さらに，この低周波 (L2) 成分に対してウェーブレット変換を施すと L3 成分および H3 成分は，

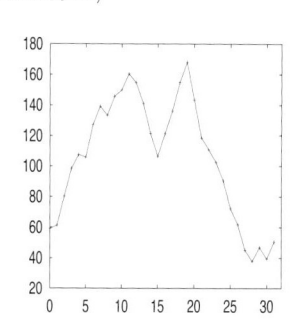

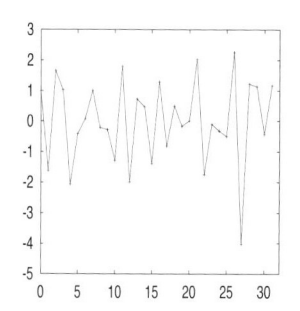

図 6.3 L3 成分および H3 成分

となる．

問題 4

RMS[*1] 誤差 (復元誤差) により，ウェーブレット変換を多段に施しデータ圧縮を行った効果を考察せよ．

[*1] Root Mean Square：RMS は，$RMS = (\sum_{i=1}^{i=n}(x_i - x_{mean})^2)/n$ で与えられる平均二乗誤差 (誤差の平均値周りの二次モーメント：分散)

解答例 4

L1 成分のみを用いて復元した誤差は，RMS = 0.180208 であり，L2 成分のみを用いて復元した誤差は，RMS = 0.378116 であり，L3 成分のみを用いて復元した誤差は，RMS = 0.614789 である．

ウェーブレット変換を多段に施した場合，高圧縮が可能であるが復元誤差は大きくなることがわかる．

問題 5

サポート長 $sup = 4$ の Daubechies 基底の係数 $\{p_k\}$ および係数 $\{q_k\}$ をニュートン法により求めよ．また，その計算過程を示せ．なお，ニュートン法の初期値は原点 O からとし，反復終了条件は $\epsilon < 10^{-8}$ とする．

解答例 5

Daubechies 基底の係数 $\{p_k\}$ および係数 $\{q_k\}$ による行列を $C_n^{[sup]}$ とする．Daubechies 基底のサポート長 sup に関して，

$$\left(C_n^{[sup]}\right)^T \cdot C_n^{[sup]} = I_n \tag{6.10}$$

$$\sum_{j=0}^{sup-1} p_j = \sqrt{2} \tag{6.11}$$

$$q_j = (-1)^j p_{((sup-1)-j)} \tag{6.12}$$

$$\left(j = 0, 1, 2, ..., (sup-1)\right)$$

$$\sum_{j=0}^{sup-1} j^r q_j = 0 \tag{6.13}$$

$$\left(r = 0, 1, 2, ..., (\frac{sup}{2} - 1)\right)$$

の連立方程式を解くことによりウェーブレット変換を行うための係数 p_i および係数 q_i を決定することができる．すなわち，

$$\begin{cases} p_0p_0 + p_1p_1 + p_2p_2 + p_3p_3 &= 1 \\ p_0p_2 + p_1p_3 &= 0 \\ p_0 + p_1 + p_2 + p_3 &= \sqrt{2} \\ p_0 - p_1 + p_2 - p_3 &= 0 \\ 0p_3 - 1p_2 + 2p_1 - 3p_0 &= 0 \end{cases} \qquad (6.14)$$

を解けばよい.

各ステップの Newton 法による係数 p_i の値は, 表 6.2 となる.

表 6.2 各ステップの Newton 法による係数

	p_0	p_1	p_2	p_3
0	0.000000	0.000000	0.000000	0.000000
1	0.000000	0.353553	0.353553	0.353553
2	-0.480833	-0.123744	1.195010	0.844993
3	-0.224697	0.128869	0.931830	0.578264
4	-0.140719	0.212834	0.847826	0.494272
5	-0.129611	0.223942	0.836718	0.483164
6	-0.129410	0.224144	0.836516	0.482963
7	-0.129410	0.224144	0.836516	0.482963

また,

$$(p_0, p_1, p_2, p_3)$$
$$= (-0.129410, 0.224144, 0.836516, 0.482963)$$

となる. なお,

$$q_j = (-1)^j p_{((sup-1)-j)} \qquad (6.15)$$
$$\left(j = 0, 1, 2, ..., (sup-1) \right)$$

である.

問題 6

求められた係数 $\{p_k\}$ および係数 $\{q_k\}$ によるウェーブレット変換は, 可逆であることを示せ.

142   第6章　総合問題と解答

解答例 6

$$det\left(C_n^{[sup]}\right) \neq 0 \tag{6.16}$$

ないし，

$$\left(C_n^{[sup]}\right)^T \cdot C_n^{[sup]} = I_n \tag{6.17}$$

であることを数値的に示せばよい．

問題 7

求められた係数 $\{p_k\}$ および係数 $\{q_k\}$ を用いて，与えられた観測画像データに対して2次元ウェーブレット変換を施し，エッジ抽出を行え．また，ウェーブレット変換を施した結果画像を示せ．

解答例 7

ウェーブレット変換を施した結果画像を示す．

図 6.4　Lena 画像に2次元ウェーブレット変換を施し，LL1 のみを削除して再構成した画像

問題 8

Haar 基底によるエッジ抽出結果画像と比較し，基底を変更することの効果を考察せよ．

解答例 8

Haar 基底によるエッジ抽出結果画像は，

図 6.5 Lena 画像に Haar 基底に基づく 2 次元ウェーブレット変換を施し，LL1 のみを削除して再構成した画像

となる．エッジの急峻な場合，サポート長が短い方がエッジ抽出に適しているすことがわかる．

問題 9

サポート長 $sup = 6$ の Daubechies 基底の係数 $\{p_k\}$ および係数 $\{q_k\}$ をニュートン法により求めよ．また，その計算過程を示せ．なお，ニュートン法の初期値は原点 O からとし，反復終了条件は $\epsilon < 10^{-8}$ とする．

解答例 9

Daubechies 基底の係数 $\{p_k\}$ および係数 $\{q_k\}$ による行列を $C_n^{[sup]}$ とする．Daubechies 基底のサポート長 sup に関して，

$$\left(C_n^{[sup]}\right)^T \cdot C_n^{[sup]} = I_n \tag{6.18}$$

$$\sum_{j=0}^{sup-1} p_j = \sqrt{2} \tag{6.19}$$

$$q_j = (-1)^j p_{((sup-1)-j)} \tag{6.20}$$

$$\left(j = 0, 1, 2, ..., (sup-1)\right)$$

$$\sum_{j=0}^{sup-1} j^r q_j = 0 \tag{6.21}$$

$$\left(r = 0, 1, 2, ..., (\frac{sup}{2} - 1)\right)$$

の連立方程式を解くことによりウェーブレット変換を行うための係数 p_i および係数 q_i を決定することができる.すなわち,

$$\begin{cases} p_0 p_0 + p_1 p_1 + p_2 p_2 + p_3 p_3 + p_4 p_4 + p_5 p_5 &= 1 \\ p_0 p_2 + p_1 p_3 + p_2 p_4 + p_3 p_5 &= 0 \\ p_0 p_4 + p_1 p_5 &= 0 \\ p_0 + p_1 + p_2 + p_3 + p_4 + p_5 &= \sqrt{2} \\ p_0 - p_1 + p_2 - p_3 + p_4 - p_5 &= 0 \\ 0 p_5 - 1 p_4 + 2 p_3 - 3 p_2 + 4 p_1 - 5 p_0 &= 0 \\ 0 p_5 - 1 p_4 + 4 p_3 - 9 p_2 + 16 p_1 - 25 p_0 &= 0 \end{cases} \tag{6.22}$$

を解けばよい.

各ステップの Newton 法による係数 p_i の値は,表 6.3 となる.

表 6.3 各ステップの Newton 法による係数

	p_0	p_1	p_2	p_3	p_4	p_5
0	0.000000	0.000000	0.000000	0.000000	0.000000	0.000000
1	0.707107	0.707107	−1.414214	−1.060660	0.176777	0.000000
2	0.855099	1.896516	0.513524	−1.287538	−0.805076	0.002421
3	0.522454	1.215686	0.518737	−0.513366	−0.332468	0.006540
4	0.373001	0.898491	0.481756	−0.215671	−0.147650	0.024287
5	0.335431	0.813776	0.462603	−0.140533	−0.090927	0.033864
6	0.332687	0.806937	0.459903	−0.135044	−0.085483	0.035213
7	0.332671	0.806892	0.459878	−0.135011	−0.085441	0.035226

また,
$$(p_0, p_1, p_2, p_3, p_4, p_5)$$
$$= (0.332671, 0.806892, 0.459878, -0.135011, -0.085441, 0.035226)$$
となる. なお,
$$q_j = (-1)^j p_{((sup-1)-j)} \tag{6.23}$$
$$\left(j = 0, 1, 2, ..., (sup - 1)\right)$$
である.

問題 10

問題 9 において求められた係数 $\{p_k\}$ および係数 $\{q_k\}$ によるウェーブレット変換は,可逆であることを示せ.

解答例 10

$$det\left(C_n^{[sup]}\right) \neq 0 \tag{6.24}$$

ないし,

$$\left(C_n^{[sup]}\right)^T \cdot C_n^{[sup]} = I_n \tag{6.25}$$

であることを数値的に示せばよい.

問題 11

観測ノイズを含んだ 1 次元時系列データがある.その観測ノイズの軽減を考える.サポート長 $sup = 6$ の Daubechies 基底を用いて,観測ノイズの軽減を試みよ.また,Haar 基底による観測ノイズの軽減の結果と比較せよ.

解答例 11

観測ノイズを含んだ 1 次元時系列データの例を図 6.6 に示す.

第6章 総合問題と解答

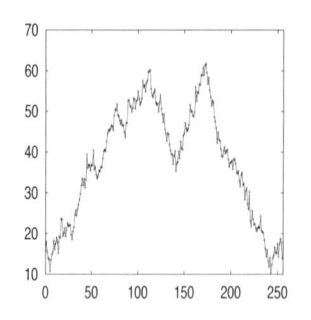

図 6.6 観測ノイズを加えた1次元時系列データの例

サポート長 $sup=6$ の Daubechies 基底を用いて1回ウェーブレット変換を施し，低周波成分のみによりウェーブレット逆変換を行うと，図 6.7 となる．

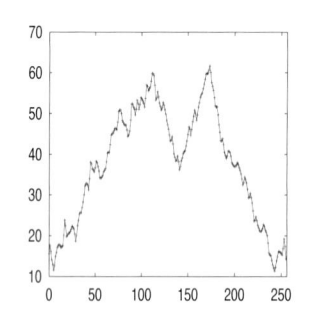

図 6.7 サポート長 $sup=6$ の Daubechies 基底を用いて1回ウェーブレット変換を施し，低周波成分のみによりウェーブレット逆変換を行った結果

観測ノイズを含んだ1次元時系列データとウェーブレット逆変換のデータとの RMS 誤差により，観測ノイズの軽減の効果を検討すると，

$$RMS = 0.916424$$

になる．同様に，Haar 基底による観測ノイズの軽減の効果は，

$$RMS = 1.104172$$

となる．すなわち，10% 以上のノイズを削減することができることがわかる．

また，Haar 基底を用いて1回ウェーブレット変換を施し，低周波成分のみによりウェーブレット逆変換を行うと，図 6.8 となる．

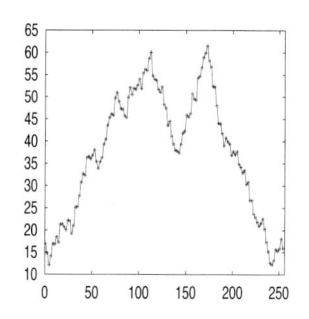

図 6.8 Haar 基底を用いて 1 回ウェーブレット変換を施し，低周波成分のみによりウェーブレット逆変換を行った結果

以上から，基底変更により観測ノイズの軽減の効果は変化することがわかる．

問題 12

動画像データのある時刻に異常画像データが存在することがわかっている．各画素間の変動は独立であると仮定し，Haar 基底を用いて異常画像データを抽出せよ．動画像データの何ステップ目に異常画像データが存在するかを示せ．抽出された異常画像データをファイルに出力せよ．すなわち，1 次元ウェーブレット変換 (Haar 基底) を用いて，動画像データのある時刻における異常画像データを抽出せよ．

解答例 12

時間軸方向正向きに 1 次元ウェーブレット変換を施し，高周波成分のみを用いて 1 次元ウェーブレット逆変換を行うと，図 6.9 となる．

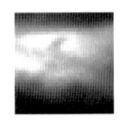

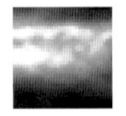

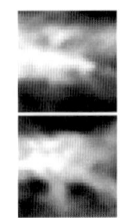

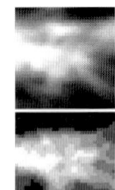

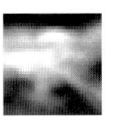

図 6.9 時間軸方向正向きに 1 次元ウェーブレット変換を施し，高周波成分のみを用いて 1 次元ウェーブレット逆変換を行った結果

ただし，左から右に時刻が進行しているとする．以上より，動画像データの 5 ステップ目に異常画像データが存在することがわかる．動画像データの 5 ステップ目の異常画像データは，図 6.10 であることがわかる．

図 6.10 異常画像

問題 13

サポート長 $sup = 2$ の Daubechies 基底の係数 $\{p_k\}$ および係数 $\{q_k\}$ を Newton 法により求めよ．また，その計算過程を示せ．なお，Newton 法の初期値は原点 O からとし，反復終了条件は $\epsilon < 10^{-8}$ とする．

解答例 13

Daubechies 基底の係数 $\{p_k\}$ および係数 $\{q_k\}$ による行列を $C_n^{[sup]}$ とする．Daubechies 基底のサポート長 sup に関して，

$$\left(C_n^{[sup]}\right)^T \cdot C_n^{[sup]} = I_n \tag{6.26}$$

$$\sum_{j=0}^{sup-1} p_j = \sqrt{2} \tag{6.27}$$

$$q_j = (-1)^j p_{((sup-1)-j)} \tag{6.28}$$

$$\left(j = 0, 1, 2, ..., (sup-1)\right)$$

$$\sum_{j=0}^{sup-1} j^r q_j = 0 \tag{6.29}$$

$$\left(r = 0, 1, 2, ..., (\frac{sup}{2} - 1)\right)$$

の連立方程式を解くことによりウェーブレット変換を行うための係数 p_i および係数 q_i を決定することができる. すなわち,

$$\begin{cases} p_0 p_0 + p_1 p_1 &= 1 \\ p_0 + p_1 &= \sqrt{2} \\ p_0 - p_1 &= 0 \end{cases} \tag{6.30}$$

を解けばよい.

各ステップの Newton 法による係数 p_i の値は, 表 6.4 となる.

表 6.4　各ステップの Newton 法による係数

	p_0	p_1
0	0.000000	0.000000
1	0.707107	0.707107

また,

$$(p_0, p_1)$$
$$= (0.707107, 0.707107)$$

となる. なお,

$$q_j = (-1)^j p_{((sup-1)-j)} \tag{6.31}$$

$$\left(j = 0, 1, 2, ..., (sup-1)\right)$$

である.

問題 14

問題 13 において求められた係数 $\{p_k\}$ および係数 $\{q_k\}$ によるウェーブレット変換は, 可逆であることを示せ.

解答例 14

$$det\left(C_n^{[sup]}\right) \neq 0 \tag{6.32}$$

ないし,

$$\left(C_n^{[sup]}\right)^T \cdot C_n^{[sup]} = I_n \tag{6.33}$$

であることを数値的に示せばよい.

問題 15

原画像データに 2 次元ウェーブレット変換を行い, HH1 成分に鍵画像を埋め込み 2 次元ウェーブレット逆変換により再構成を行え. また, 原画像データに 2 次元ウェーブレット変換を行い, LH1 成分に鍵画像を埋め込み 2 次元ウェーブレット逆変換により再構成を行え. さらに, 原画像データに 2 次元ウェーブレット変換を行い, HL1 成分に鍵画像を埋め込み 2 次元ウェーブレット逆変換により再構成を行え. 最後に, 鍵画像を埋め込む成分の差異による影響を考察せよ.

解答例 15

5.2 節を参考にプログラムを実行せよ. 鍵画像の周波数特性によってデータハイディング性能が異なることを検討すればよい.

問題 16

次の双対表現を参考にして課題を解け.

双対表現

スケーリング関数,

$$\phi_S(x) \stackrel{\text{def}}{=} \begin{cases} x & (0 \leq x < 1) \\ 2-x & (1 \leq x < 2) \\ 0 & otherwise \end{cases} \quad (6.34)$$

と双対関係の関数は,

$$\tilde{\phi}_S(x) = \sum_{k \in \mathbb{Z}} \sqrt{3}\left(\sqrt{3}-2\right)^{|k|} \phi_S(x-k) \quad (6.35)$$

である. すなわち,

$$\int_{-\infty}^{\infty} \overline{\tilde{\phi}_S(x)} \phi_S(x-m) dx = \delta_{m,0} \quad (6.36)$$

の関係がある. なお,

$$\int_{-\infty}^{\infty} \overline{\phi_S(x)} \phi_S(x-0) dx = \frac{2}{3} \quad (6.37)$$

$$\int_{-\infty}^{\infty} \overline{\phi_S(x)} \phi_S(x-1) dx = \frac{1}{6} \quad (6.38)$$

$$\int_{-\infty}^{\infty} \overline{\phi_S(x)} \phi_S(x+1) dx = \frac{1}{6} \quad (6.39)$$

である. また,

$$\phi_S(x) = \frac{1}{2}\phi_S(2x-0) + \phi_S(2x-1) + \frac{1}{2}\phi_S(2x-2) \quad (6.40)$$

という性質がある.

課題

$$\int_{-\infty}^{\infty} \overline{\tilde{\phi}_S(x)} \phi_S(x-m) dx = \delta_{m,0} \quad (6.41)$$

を証明せよ.

解答例 16

式 (6.34) および式 (6.35) を用いて，式 (6.36) の左辺を計算した結果が式 (6.36) の右辺と一致することを証明すればよい．

第7章

数値解析手法

本書にて使用した数値解析手法：数値積分と Newton 法 (反復法) を紹介する．

7.1 数値積分 (台形則)

台形則による数値積分は，積分区間 $[a, b]$ を m 等分割し，m 個の台形の面積を合計する方式である．すなわち，

$$\int_a^b f(t)dt = \frac{h}{2}\Big(f(a) + f(a+h)\Big)$$
$$+ \frac{h}{2}\Big(f(a+h) + f(a+2h)\Big)$$
$$+ \frac{h}{2}\Big(f(a+2h) + f(a+3h)\Big) + \cdots$$
$$+ \frac{h}{2}\Big(f(a+(m-1)h) + f(b)\Big) \tag{7.1}$$

である．ただし，$h = (b-a)/m$ である．たとえば，関数 $f(x) = 10x^2(1-x)$ に対して積分区間 $[0, 1]$ で定積分することを考える．積分区間 $[0, 1]$ を 2 等分割し，台形則による数値積分を行うと，図 7.1 となる．

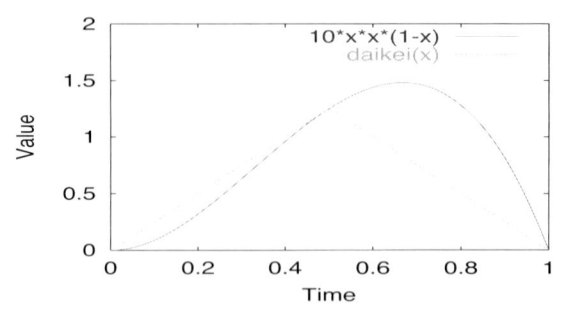

図 7.1 台形則による数値積分の例

一般に，分割数を増やすと精度が向上するが，分割数を増やし過ぎると丸め誤差により精度が下がる可能性があるので注意を要する．

7.1.1 数値積分プログラム

```
#include <stdio.h>
#include <math.h>
double f(xxx)
double xxx;
{
  double tmp1;
  tmp1=sqrt(1.0-xxx);
  return(tmp1);
}
double daike(bun)
int bun;
{
  int ie0;
  double a,b;
  double h;
  double x1,x2;
  double y1,y2;
  double tmp1;
  a=0.0;
  b=1.0;
  tmp1=0.0;
  h=(b-a)/(double)bun;
  for(ie0=0;ie0<bun;ie0++){
    x1=a+h*ie0;
    x2=a+h*(ie0+1);
    y1=f(x1);
    y2=f(x2);
    tmp1+=((y1+y2)*h)/2.0;
  }
```

```
    return(tmp1);
}
main()
{
  int bun;
  double tmp1;
  bun=2;        tmp1=daike(bun);  printf("%d %lg\n",bun,tmp1);
  bun=5;        tmp1=daike(bun);  printf("%d %lg\n",bun,tmp1);
  bun=10;       tmp1=daike(bun);  printf("%d %lg\n",bun,tmp1);
  bun=100;      tmp1=daike(bun);  printf("%d %lg\n",bun,tmp1);
  bun=1000;     tmp1=daike(bun);  printf("%d %lg\n",bun,tmp1);
  bun=10000;    tmp1=daike(bun);  printf("%d %lg\n",bun,tmp1);
  bun=100000;   tmp1=daike(bun);  printf("%d %lg\n",bun,tmp1);
  bun=1000000;  tmp1=daike(bun);  printf("%d %lg\n",bun,tmp1);
  bun=10000000; tmp1=daike(bun);  printf("%d %lg\n",bun,tmp1);
}
```

7.2 Newton 法

Newton 法は, $f(x) = 0$ となる $x = a$ を求めるための反復法の 1 つの手法である．すなわち, Newton 法は非線形関数 $f(x)$ の x 切片の値を求めることができる．Newton 法は，ある適当な初期値 x_0 を解析者が与え, $y = f(x)$ の $x = x_k (k = 0, 1, 2, ...)$ における接線の x 切片を x_{k+1} とする反復法であり,

$$x_{k+1} = x_k - \left(\frac{d}{dx}f(x_k)\right)^{-1} f(x_k) \tag{7.2}$$

で実現される．また, 連立非線形方程式に適用することも可能である．Newton 法の概念を図 7.2 に示す．

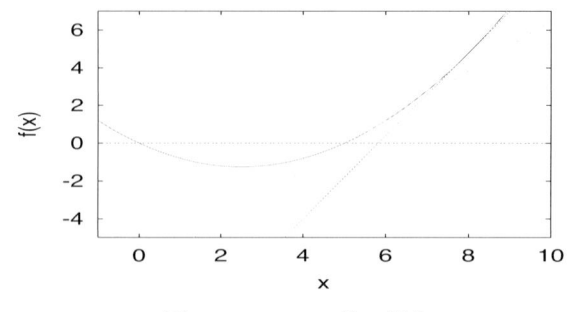

図 7.2 Newton 法の概念

ここでは 2 次曲線の最小値を求める場合を例にしている．$x = 8, f(x) = 4$ の初期値から出発し，その点から接線を引き，x 切片を求め，そこから垂線を立て，関数 $f(x)$ との交点において，また，接線を引き，x 切片を求め，そこから垂線を立て，関数 $f(x)$ との交点を求める操作を繰り返し，x 切片の位置がある程度以上に変化しなくなったなら収束したと見なす方法である．

連立非線形方程式，

$$\begin{cases} f_1(x_1, x_2, ..., x_s) &= 0 \\ f_2(x_1, x_2, ..., x_s) &= 0 \\ &\vdots \\ f_m(x_1, x_2, ..., x_s) &= 0 \end{cases} \tag{7.3}$$

は，$z = (x_1, x_2, ..., x_s)$ と定義し，$F(z) = \bigl(f_1(z), f_2(z), ..., f_m(z)\bigr)^T$ と表すことにより，$F(z) = 0$ となる．なお，式 (7.3) は s 個の未知数に対して m 個の方程式がある場合である．

式 (7.3) のヤコビ行列，

$$J_{ac}(z) \stackrel{\text{def}}{=} \begin{bmatrix} \frac{\partial f_1(z)}{\partial x_1} & \frac{\partial f_1(z)}{\partial x_2} & \cdots & \frac{\partial f_1(z)}{\partial x_s} \\ \frac{\partial f_2(z)}{\partial x_1} & \frac{\partial f_2(z)}{\partial x_2} & \cdots & \frac{\partial f_2(z)}{\partial x_s} \\ \vdots & \vdots & \ddots & \vdots \\ \frac{\partial f_m(z)}{\partial x_1} & \frac{\partial f_m(z)}{\partial x_2} & \cdots & \frac{\partial f_m(z)}{\partial x_s} \end{bmatrix} \tag{7.4}$$

を導入すると, 式 (7.3) の Newton 法は,

$$z^{(k+1)} = z^{(k)} - J_{ac}^+(z^{(k)})F(z^{(k)}) \tag{7.5}$$

で実現される. ヤコビ行列は正方行列とは限らない. ただし, $z^{(k)}$ は Newton 法のステップ数 k 番目の z の値を表し, $J_{ac}^+(z^{(k)})$ は $J_{ac}(z^{(k)})$ の一般化逆行列を表す. そして, 適切な $\delta > 0$ に対して, $\left|F(z^{(k)})\right| < \delta$ となるとき, 反復を終了する. すなわち, $F(z^{(k)}) \approx 0$ となるとき, 反復を終了する. なお, $z^{(0)}$ は解析者が与えるものであり, 反復終了後の $z^{(\infty)}$ は $z^{(0)}$ に依存する場合がある. 反復終了後の $z^{(\infty)}$ は $z^{(0)}$ に依存する場合がある.

たとえば,

$$\begin{cases} f_1(x,y,z) = x^2 - y - z + 4 = 0 \\ f_2(x,y,z) = x + y + z - 6 = 0 \\ f_3(x,y,z) = x - z + 1 = 0 \end{cases} \tag{7.6}$$

のヤコビ行列は,

$$J_{ac}(x,y,z) = \begin{bmatrix} 2x & -1 & -1 \\ 1 & 1 & 1 \\ 1 & 0 & -1 \end{bmatrix} \tag{7.7}$$

となり, 初期値を $(x_0, y_0, z_0) = (0, 0, 0)$ として Newton 法を適用すると, 近似解は $(1, 3, 2)$ に近づく. すなわち,

$$\begin{bmatrix} x_1 \\ y_1 \\ z_1 \end{bmatrix} = \begin{bmatrix} x_0 \\ y_0 \\ z_0 \end{bmatrix} - J_{ac}^+(x_0, y_0, z_0) \begin{bmatrix} f_1(x_0, y_0, z_0) \\ f_2(x_0, y_0, z_0) \\ f_3(x_0, y_0, z_0) \end{bmatrix} \tag{7.8}$$

$$= \begin{bmatrix} 0 \\ 0 \\ 0 \end{bmatrix} - \begin{bmatrix} 0 & -1 & -1 \\ 1 & 1 & 1 \\ 1 & 0 & -1 \end{bmatrix}^+ \begin{bmatrix} 0^2 - 0 - 0 + 4 \\ 0 + 0 + 0 - 6 \\ 0 - 0 + 1 \end{bmatrix} \tag{7.9}$$

$$\begin{bmatrix} x_2 \\ y_2 \\ z_2 \end{bmatrix} = \begin{bmatrix} x_1 \\ y_1 \\ z_1 \end{bmatrix} - \begin{bmatrix} 2x_1 & -1 & -1 \\ 1 & 1 & 1 \\ 1 & 0 & -1 \end{bmatrix}^+ \begin{bmatrix} f_1(x_1, y_1, z_1) \\ f_2(x_1, y_1, z_1) \\ f_3(x_1, y_1, z_1) \end{bmatrix} \tag{7.10}$$

158   第 7 章　数値解析手法

となる.

7.3　Newton 法のプログラム例

```
/*
 *-------------------------------
 *   ニュートン法 (行列における)   *
 *-------------------------------
 */
#include<stdio.h>
#include<math.h>
#include<stdlib.h>
#define PI 3.14159265358979
/*** ニュートン法の定義 ***/
#define EPS   1e-8    /* 打ち切り誤差 */
#define S 3    /* 行列式 g の列数 */
#define T 3    /* 行列式 g の行数 */
void arai1(double *f,double p0,double p1,double p2);
void arai2(double *g,double p0,double p1,double p2);
void inverse(double *g,double *a);
double mat_rev(double *gz,int n,double *a1);
void mult(double *a, double *f,double *z);
#define MAXITR   500   /* 繰り返し回数の上限 */
int main(void)
  {
   int i,j,flag;
   int count=0;
   static double f[100],g[100*100],a[100*100],z[100];
   double p0,p1,p2,p3,xxxxx;
   p0=0.0; p1=0.0; p2=0.0;   //仮の値
   arai1(f,p0,p1,p2);
   arai2(g,p0,p1,p2);
   flag=0;
   while(flag==0){
   arai1(f,p0,p1,p2);
   arai2(g,p0,p1,p2);
  printf("%d p0=%lf p1=%lf p2=%lf  \n    %lf    %lf    %lf\n",
   count,p0,p1,p2,f[0],f[1],f[2]);
   inverse(g,a);   /* g を逆行列 a に変換 */
   mult(a,f,z);    /* ベクトル f と行列 a をかけたベクトル z を排出 */
   p0 -= z[0];
   p1 -= z[1];
   p2 -= z[2];
   arai1(f,p0,p1,p2);
   printf("%d p0=%lf p1=%lf p2=%lf  \n    %lf    %lf    %lf\n",
   count,p0,p1,p2,f[0],f[1],f[2]);
   if( sqrt(f[0]*f[0])<EPS&&
       sqrt(f[1]*f[1])<EPS&&
       sqrt(f[2]*f[2])<EPS ) flag=1;
```

7.3 Newton 法のプログラム例

```
      count++;
    }
  }
void arai1(double *f,double p0,double p1,double p2)
  {
  f[0] = p0*p2-(3.0/8.0);      /* 求める連立方程式 */
  f[1] = p0*p1+p1*p2+(9.0/4.0);
  f[2] = p0*p0+p1*p1+p2*p2-(19.0/4.0);
  }
void arai2(double *g,double p0,double p1,double p2)
  {
  g[0*3+0] = p2;   g[0*3+1] = 0.0;   g[0*3+2] = p0;
  g[1*3+0] = p1;   g[1*3+1] = p0+p2; g[1*3+2] = p1;
  g[2*3+0] = 2*p0; g[2*3+1] = 2*p1;  g[2*3+2] = 2*p2;
  }
void inverse(double *g,double *a)     /* g を逆行列 a に変換 */
  {
  int i,j,k,n;
  double gt[100*100],c[100*100],cz[100*100],t[100*100];
  double c1[100*100],a1[100*100];
  double d,abc,zzzzz;
  for(i=0; i < S;i++){
    for(j=0;j < S;j++){
      c[i*S+j]=0.0;
    }
  }
  for(j=0; j < T; j++){     // 行列 g を転置行列 gt に変換
for(k=0; k < S; k++){
    gt[k*T+j]=g[j*S+k];
}
  }
  for(i=0; i < S; i++){           // 行列の演算 C=AT*A (S × S)
for(j=0; j < S; j++){
     d = 0.0;
     for(k=0; k < T; k++)
     d += gt[i*T+k]*g[k*S+j];
     c[i*S+j] = d;
}
  }
  /************   C の正方行列の大きさを決める   ****************/
n=3;
zzzzz=mat_rev(c,S,a1);
  /* 逆行列 a を求める */
  for(i=0; i < S; i++){
    for(j=0; j < T; j++){
      d =0.0;
      for(k=0; k < S; k++)
        d +=a1[i*S+k]*gt[k*T+j];
      a[i*T+j] = d;
    }
  }
```

```
/* a[][] と g[][] をかけて単位行列になるかの確認 */
for(i=0; i < S; i++){
  for(j=0; j < S; j++){
    d =0.0;
    for(k=0; k < T; k++)
      d +=a[i*T+k]*g[k*S+j];
    t[i*S+j] = d;
  }
 }
 }
void mult(double *a, double *f,double *z)   /* 行列 a とベクトル f をかけたベクトル z を排出 */
  {
  int i,j;
  for(i=0; i < S; i++)
    {
      z[i] = 0.0;
      for(j = 0; j < T; j++)
        z[i] += a[i*T+j] * f[j];
    }
  }
double mat_rev(double *gz,int n,double *a1)
  {
  int    i,j,k,k1;
  double *g1;
  double max;
  double temp,dd;
  double det;
  g1 = (double *)malloc(sizeof(double)*(n*(2*n)));
  for(i=0;i<n;i++){
    for(j=0;j<n;j++){
      g1[i*(2*n)+j]=gz[n*i+j];
      if(i==j) g1[i*(2*n)+n+j]=1.0;
      else     g1[i*(2*n)+n+j]=0.0;
    }
  }
  det=1.0;
  for( k=0 ; k<n ; k++){
      k1=k;
      max=fabs(g1[k*(2*n)+k]);
      for(i=k+1;i<n;i++)
         if(fabs(g1[i*(2*n)+k])>max){  max=fabs(g1[i*(2*n)+k]);   k1=i; }
      if(k1!=k){
for(j=0;j<2*n;j++){
         temp=g1[k*(2*n)+j];
         g1[k*(2*n)+j]=g1[k1*(2*n)+j];
         g1[k1*(2*n)+j]=temp;
}
         det *= -1.0;
         }
    dd = g1[k*(2*n)+k];
```

```
      det *= dd;
      for( j=k ; j<2*n ; j++){
            g1[k*(2*n)+j]/=dd;
      }
      for( i=k+1 ; i<n ; i++){
       dd = g1[i*(2*n)+k];
       for( j=k ; j<2*n ; j++){
            g1[i*(2*n)+j]-=dd*g1[k*(2*n)+j];
       }
      }
}
if(det!=0.0){
  for(k=n-1;k>0;k--)
    for(i=k-1;i>=0;i--){
    dd = g1[i*(2*n)+k];
    for(j=0;j<2*n;j++){
         g1[i*(2*n)+j]-=dd*g1[k*(2*n)+j];
    }
    }
}
if(det==0.0)printf("HHHHHHHHH\n");
for(i=0;i<n;i++)
 for(j=0;j<n;j++) a1[n*i+j]=g1[i*(2*n)+j+n];
free((char *)g1);
return det;
}
```

第8章

参考図書とウェーブレット解析用ソフトウェアのWebサイト

8.1 書籍

　以下の書籍を参考にさせて戴いた．本書はウェーブレット解析を初めて学ぶ読者を想定して，特に，ウェーブレット多重解像度解析の基礎理論を中心に図を多く用いて平明に解説することを試みたものであり，(1) の良書とほぼ同様の目的をもっており，当該良書を参考にした．

(1) 榊原 進, ウェーブレットビギナーズガイド, 東京電機大学出版局, 1995.

(2) 新島耕一, ウェーブレット画像解析, 科学技術出版, 2000.

(3) 中野宏毅, 山本鎮男, 吉田靖夫, ウェーブレットによる信号処理と画像処理, 共立出版, 1999.

(4) G. ストラング, T. グエン著, 高橋進一, 池原雅章訳, ウェーブレット解析とフィルタバンク, 培風館, 1999.

(5) 斎藤兆古, ウェーブレット変換の基礎と応用, 朝倉書店, 1998.

(6) C.K. チュウイ著, 桜井 明, 新井 勉訳, ウェーブレット応用, 東京電機大学出版局, 1997.

(7) 新井康平, ウェーブレット解析の基礎理論, 森北出版, 2000.

(8) 石川康宏, 臨床医学のためのウェーブレット解析, 医学出版, 2000.

(9) 新井康平, L. ジェイムソン, ウェーブレット解析による地球観測衛星データの利用方法, 森北出版, 2001.

(10) I. ドブシー著, 山田道夫, 佐々木文夫訳, ウェーブレット10講, シュプリンガー・フェアラーク東京, 2003.

(11) J.S.Walker, A primer on Wavelets and their Scientific Applications, Chap-

man and Hall/CRC, 1999.

8.2 参考文献

双直交ウェーブレットの構成に関し (1) を参考にした．また，画像データ圧縮のためのフィルターの構成に関し (2) を，指紋等濃淡画像のデータ圧縮への応用に関し (3) を，基底関数の対称性を考慮した双直交 Coiflet ウェーブレットのデータ圧縮への応用に関し (4) を，正規直交ウェーブレット基底関数の生成に関し (5) を，エントロピーに基づく最適な基底関数の選択方法に関し (6) を，さらに，認識基準に照らし合わせて最適な画像データ圧縮に関し (7) を，それぞれ，参考にした．これらは，本書では紙面の制限，ならびに，目的から省略した内容であるが，極めて示唆に富んでいるため，参考文献として挙げた．たとえば，基底関数の対称性が問題になる場合がある．図形の幾何学的特徴の抽出にウェーブレットを用いる際，輪郭を追跡するような場合があるが，非対称基底関数に基づくウェーブレット記述子を用いる場合は時計周りかその逆かによって抽出した特徴量に差が生じる可能性がある．そのようなときは (4) が参考になる．また，解析に最適な基底関数の選択法については (6) が参考になる．最適性の基準については種々の考え方があり，一般的な最適基準に基づく基底関数の選択は一意に存在しないが，エントロピー規範に基づく場合は直接 (6) を参考にして基底関数を選択することができ，また，エントロピー基準以外の場合も (6) の基準を換えることにより，目的に合致した基底関数が選べる．

(1) "Space-frequency balance in biorthogonal wavelets", DM Monro and BG Sherlock, IEEE International Conference on Image Processing, 1997, Vol.1, pp.624-627.

(2) "Wavelet Filter Evaluation for Image Compression", JD Villasenor, B Belzer and J Liao, IEEE Trans. Image Proc., August 1995.

(3) "The FBI Wavelet/Scalar Quantization Standard for Gray-scale Fingerprint Image Compression", JN Bradley, CM Brislawn and T Hopper, SPIE Proceedings vol 1961, Visual Information Processing II, Orlando, Florida, pp.293-304, Apr 1993.

(4) "Biorthogonal Modified Coiflet Filters for Image Compression", LW Winger and AN Venetsanopoulos, To appear Proc. ICASSP '98.

(5) "Orthonormal wavelets with balanced uncertainty", DM Monro, BE Bassil and GJ Dickson, IEEE International Conference on Image Processing, 1996,

Vol.2, pp. 581-584.

(6) "Entropy based algorithms for best basis selections", R Coifman, Y Meyer, S Quake and V Wickerhauser, IEEE Trans. on information theory, Vol. 38, No. 2, pp. 713-718, March 1992.

(7) "Design of wavelets for image compression satisfying perceptual criteria", Rodrigues, M. A. M., da Silva, E. A. B. and Diniz, P. S. R., Electronics Letters, vol. 33, no. 1, pp. 40-41, Jan 1997.

8.3 ウェーブレット関連 Web サイト

　ウェーブレット解析に関する情報，ソフトウェアツール，Matlab, Mathematica, IDL 等を用いたウェーブレット構成のためのツール等を提供する Web サイトがたくさんある．ここでは，その主なものを紹介し，本書を読んだ後に，さらに，これらのサイトから情報，ツール等をダウンロードして実際に試して見ることができるように関連サイトの情報を掲載することにした．特に，紙面の制限および目的から掲載できなかったリフティングウェーブレットの構成方法に関し，4, 5 番目のサイトから参考情報ならびに，有用なツールがダウンロードできる．また，3 番目のサイトは工業専門学校の生徒向けのウェーブレット解析ソフトウェアのダウンロードが可能になっており，平明な解説文書も掲載されているので参考になる．

http://dmsun4.bath.ac.uk/resource/warehouse.htm

　このサイトから，ファイルフォーマット，双直交ウェーブレットを生成するプログラムが zip ファイルとしてダウンロードできるようになっている．バスレット (Bath Wavelets) と呼ぶ，ウェーブレット生成の際の近似精度を分散させたウェーブレットが特徴的である．また，オーソドックスな Haar, UCLA が評価したウェーブレット，指紋認識，照合のためのウェーブレット解析の応用左右線対称のウェーブレットである Coiflet ウェーブレット，複素バスレット，Daubechies ウェーブレットの平坦性を最大化したもの，Symlet として知られている対称性を最大化したもの，コード化する際の誤差を最小にするように設計したウェーブレット生成法がダウンロードできる．

http://www-stat.stanford.edu/~wavelab/

　米国，スタンフォード大学のウェーブレット解析関連サイトである．Matlab を用いたウェーブレット，Matlab の MEX 機能としての 1100 のファイル，データセット

が有効にウェーブレットを生成し，解析に応用できるように工夫されている．

Macintosh, Unix/Linux, Windows の OS に対応したプログラムが用意されており，これらにはインストールの方法から高速に動作させる方法まで解説がついている．また，解説書も文書ファイルとして用意してあり，マニュアルからアーキテクチャレベルのガイドブックまで提供されている．

http://www.cmap.polytechnique.fr/~bacry/LastWave/index.html

フランスの工業専門学校の信号処理コマンド言語のサイトである．ウェーブレットを用いた信号，データ処理のプログラム，LastWave (平成 16 年 5 月現在，バージョン 2.0) がダウンロードできる．プログラムは C 言語で書かれており，X11/Unix, Windows, Macintosh で動作する．ウェーブレット変換のみならず，フィルター処理，幾何学的特徴解析，時系列解析等の信号処理，画像処理に適したプログラムが整備されている．

http://cm.bell-labs.com/who/wim/papers/papers.html#factor

このサイトからはリフティングウェーブレットのソフトウェアパッケージ (LIFTPACK) がダウンロードできるようになっている．リフティングによる 2 次元の双直交ウェーブレット変換プログラムが C 言語で書かれている．また，リフティング手法が 5 分でわかるようなツアーも用意されており，これからリフティングウェーブレットを勉強する方にはお勧めのサイトである．

http://ftp.physics.uwa.edu.au/pub/Wavelets/Lifting/

Mathematica を用いたリフティングウェーブレットの論文 (1997 年に Mark Maslen が発表したリフティングウェーブレットを提唱した論文) はこのサイトから入手できる．

http://www.cs.kuleuven.ac.be/~wavelets/

C++言語によるウェーブレット変換ソフトウェアライブラリはこのサイトにある．Geert Uytterhoeven, Filip Van Wulpen, Maarten Jansen が WAILI と呼ぶライブラリを提供している．また，このライブラリには画像処理用プログラムも入っており，リフティングウェーブレットも含まれている．Cohen-Daubechies-Feauveau の双直交ウェーブレットをカバーしている．

索　引

あ行
アドミッシブル条件，　49
エッジ抽出，　99
ウェーブレット，　18
ウェーブレット記述子，　163
エッジ抽出，　99
オイラーの公式，　6

か行
ガウス関数，　12
関数空間，　46
矩形窓関数，　14
コンパクトサポート，　18

さ行
再構成アルゴリズム，　55
サポート長，　82
振幅スペクトル，　9
巡回行列，　84
数値積分，　153
スケーリング関数，　32
スペクトル解析，　9
双対基底，　61
双対性，　60
双対表現，　68
双対ウェーブレット，　96

た行
多次元ウェーブレット，　87
多重解像度解析，　50
直交スケーリング関数，　59
直交関数系，　1
直交基底，　18
直交行列，　77
直交補空間，　47
データ圧縮，　98
データハイディング，　98
電力（パワー）スペクトル，　9
ドウターウェーブレット，　21

な行
内積，　12
ニュートン法，　136

は行
フーリエ級数，　3
フーリエ展開，　3
フーリエ変換，　8
不確定性原理，　11
分解アルゴリズム，　51
変化点抽出，　99

ま行
マザーウェーブレット，　32
窓関数，　13
メキシカンハットウェーブレット，　21

ら行
離散ウェーブレット変換，　31
連続ウェーブレット変換，　31

著者略歴

新井　康平（あらい　こうへい）

1974年	日本大学大学院理工学研究科修士課程修了
1974-78年	東京大学生産技術研究所
1979-90年	宇宙開発事業団（現宇宙航空研究開発機構）
1982年	工学博士
1985-87年	カナダ政府給費留学生（カナダ国立リモートセンシングセンター）
1990年	佐賀大学理工学部教授
1998年～	米国アリゾナ州立大学客員教授
2004年～	佐賀大学学長特別補佐，知的財産管理室長，現在に至る

著書

Javaによる地球観測衛星画像処理法，森北出版，2001
ほか多数

http://ip.is.saga-u.ac.jp/arai/arai.html

独習ウェーブレット解析
―基底関数の生成から基礎応用まで―

©2006　新井康平

2006年6月30日　初版発行

著　者　新井　康平
発行者　千葉　秀一
発行所　株式会社 近代科学社
〒162-0843　東京都新宿区谷田町2-7-15
電話 03(3260)6161　振替 00160-5-7625
http://www.kindaikagaku.co.jp

加藤文明社

ISBN 4-7649-0328-8
定価はカバーに表示してあります。